名廚親授頂級配方、基本技巧、烹調用語，和飲食文化常識

法國料理，基礎的基礎
La Cuisine Française

音羽和紀 監修

目錄

前菜
Entreés

湯
Potages

海鮮料理
Poissons

肉類料理
Viandes

配菜
Garnitures

點心
Desserts

法國料理的基礎
Base de la cuisine française

法國料理文化小事典
La connaissance de la cuisine française

本書的計量與使用方法

讀者們想製作本書美味的料理前，先了解以下份量的相關訊息，必能事半功倍！

※ 書中的計量：1 杯＝ 200 毫升，1 大匙＝ 15 毫升，1 小匙＝ 5 毫升。

※ 以微波爐加熱的時間，是以 600 瓦計算。如果家中的微波爐功率為 500 瓦，加熱時間為 1.2 倍。此外，由於機種與品牌的差異，仍會有誤差存在，需注意。

※ 烤箱烘焙的時間，也會因機種與品牌的差異而略有差異，操作時，得視情況調整。

※ 雞清高湯、褐色雞高湯和白色魚高湯可參照 p.151 ～ 153 製作，但若想購買市售的產品操作也沒有關係。

為了讓廣大的香港讀者也能製作書中的料理和點心，特別將下表中的材料名稱，以「括弧（ ）」標出香港的說法，方便所有讀者閱讀。

※ 奶油（牛油）	※ 鮪魚（吞拿魚）
※ 鮮奶油（鮮忌廉）	※ 培根（煙肉）
※ 無鹽奶油（無鹽牛油）	※ 芽甘藍（小椰菜）
※ 吉利丁片（魚膠片）	※ 朝鮮薊（洋薊）
※ 鮭魚（三文魚）	※ 鴻禧菇（本菇）

來感受幸福的喜悅感吧！

　　料理，就是讓人幸福的力量。每當構思著如何搭配材料、設計菜單時，就是快樂的緣起；而整個烹調過程中、隨著香氣不時的溢出，總讓人忍不住哼起歌來，哼著哼著，料理就完成了。菜餚上桌時看到家人入口時的滿足感，所謂「幸福」就是如此吧！

　　為了讓大家也感受到料理的幸福感，我總推薦身邊的親友親手下廚；哪怕是非常簡單的料理也沒關係，完成一道菜時，你一定能獲得這種美妙的經驗。

　　與其專注在技巧，我更希望大家能珍視這種純粹「以烹調為樂的心」，對料理懷抱著熱情。當你具有一定程度的烹飪經驗後，將會對烹飪的種種眉角更加講究，這沒有不好，但我希望大家不要忘記「烹飪是一種搭配材料的藝術。」火候要多大多小？如何調味比較適合？其實只要傾聽食材發出的聲音，自然就能瞭解最佳的烹調方法。無論是法國料理，還是家常菜，道理都相同。

　　在本書中，我嘗試以常見的材料、簡單的做法，來烹調一般人認為很精緻的法國料理。此外，還加入了和法國料理相關的各種資料、小常識，相信能幫助大家認識法國料理、更了解食材、享受用餐的樂趣。在此我衷心期望，大家能按照食譜親手操作和品嘗，相信一定能讓你感受到幸福的喜悅感。

b. oromm

法國料理套餐的組成

法國料理套餐的組成雖然依餐廳而異，但基本全套菜單的順序是：

前菜→湯→海鮮料理→清口的雪泥冰沙、雪酪→肉類料理→乳酪→點心。

也就是說，只要你能瞭解套餐的組成和各種料理的特色，不僅有助於在餐廳裡點菜，想在家烹調一套完整的套餐也綽綽有餘。

瞭解套餐組成的順序

布里亞‧薩瓦蘭（Brillat Savarin）身兼作家與美食家，曾經由醫學的角度提出「飲食的順序，是從容易消化、口味清淡的食物轉為口味濃烈者為佳」的建議，套餐的基本順序因此而定。而在搭配菜單（選擇菜單）時，需要特別留心盡量避免食材、醬汁、烹調方法重複。一旦重複，不僅口味缺乏變化，更失去了品嚐食物的樂趣。此外，冷菜和熱菜的完美配合也可以替料理增色不少，絲毫不可以輕忽。而且，法國料理是藉由精緻的視覺享受來傳達美味，因此裝飾和顏色更馬虎不得。

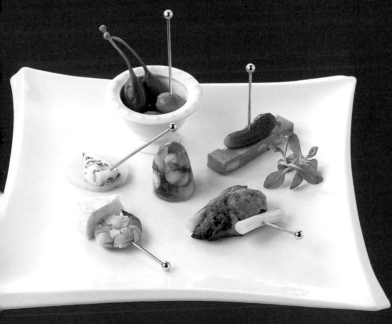

開胃小菜 *Amuse*

開胃小菜的法文 amuse，是 amuse gueule、amuse bouche 的略稱。amuse 有「使……歡樂和愉悅」的意思，而 gueule 和 bouche 都是指嘴巴，連在一起就變成了「讓嘴巴可以得到樂趣的料理」。像酒會小點心（canapé）這類可以用手拿起來吃的食物，大多和餐前酒等一起供應，但實際上開胃小菜並未包含在正式的套餐中，所以也並非一定得準備，不過開胃小菜就如同「歡迎你來」、「歡迎光臨」等開場的問候，倒是可以活絡用餐氣氛。

前菜

Entreé (hors-d'oeuvre)

1

前菜 hors-d'oeuvre 中的 hors 是指「之外」，oeuvre 則是「作品」，連在一起成了「作品之外」的意思，本來是指主菜以外的菜，不過近來許多人改用 entreé（入口、進入）、premier plat（第一道菜）來表示前菜，有肩負著進入豐盛餐宴的重責大任。所以，前菜必須令人印象深刻。除了在菜的顏色、形狀、食材、季節感方面下工夫，更得活用肉類、魚貝類、蛋和蔬菜等食材烹調，不管是冷前菜、熱前菜，什麼都有，前菜的世界可以說是無窮無盡，正因為如此，前菜更能展現出廚師們的精湛手藝和品味。

2

湯品

Potage

法文中的湯品 potage，並非像在日本所說的單指濃湯，它是所有湯的總稱，而 soupe 則是 potage 中的一種。從字面上來看，pot 意指「壺」或「鍋子」，potage 是「放入鍋子中的東西」的意思。在法國料理中，湯品是第二道出場，有助於在食用前菜（第一道菜）而引起食慾後，更加促進用餐氣氛。近年來由於法式料理吹起一陣簡便風潮，大家開始對食用後頗有飽足感的濃湯敬而遠之，於是愈來愈多人直接把它放在前菜裡面。此外，到底搭配冷湯好或是選擇熱湯，建議通盤考慮到整套菜色之後再做決定。

海鮮料理

Poisson

是指套餐中的主菜之一：魚類、甲殼類、貝類等料理。而法國料理中獨特的食材 —— 青蛙，也算在海鮮類裡面。從與醬汁的搭配性來看，大多選用鰈魚、鱸魚、鯛魚等味道清淡的白肉魚入菜。調理方面，一直以來，「把食材沾取麵粉後再用大量的奶油烤」（meunière）、「把食材放入平底鍋中，以高溫加蓋急速煎煮」（poêlé）是常見的烹調方法，而生食大概只有生蠔或海膽。不過這幾年來，海鮮類調理的方式漸漸有了改變，像是「放入醋汁、檸檬汁裡浸泡醃漬的生魚片」（mariné），或是烹調至半熟食用的屢見不鮮，只不過這類海鮮料理，大多在前菜中出現。海鮮料理以使用當季食材為主，是愉快體驗季節美食的最好時刻。

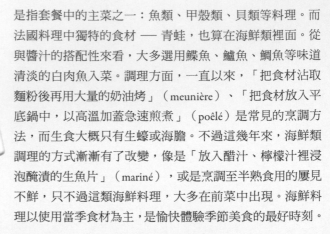

雪泥冰砂 *Grantié*（雪酪 *Sorbet*）

在海鮮料理和肉類料理之間出場的，是像雪泥冰沙這類冰點心，可以幫助在食用肉類料理前清除口腔的餘味。另外，也有餐廳推出比雪泥冰砂更容易控制甜度，比如香甜酒等加入酒精的飲品，來緩和受其他味道刺激的口腔。

肉料理

Viande

肉類料理是整個套餐中的主角，最重要的一道。食材上以雞肉、小牛、鴨等為主，而豬肉的話，雖然在高級餐廳裡並不常出現，但愈來愈多人用來製作地方料理。此外，可以感受到秋季風情景物的野生肉品、野味（gibier），是季節性的美食之一。這些紅肉大多味道厚重、腥羶，所以必須置放熟成數天後再烹煮食用。而肉類在烹調方面最重要的是，除了分部位烹煮之外，還得依照肉質、風味，選擇最適合的調理方法。

乳酪
Fromage

法文是 fromage，主菜之後推出的小點心，是歐洲人，尤其是
法國人飯後不可缺的食物。在普通餐廳裡，侍者以手推服務車
盛裝各種類的乳酪，客人依自己的喜好拿取，再切成適當大小
食用。而酒類、麵包，則是搭配乳酪的絕佳美食。

5

點心
Dessert (entremets)

法文中的 dessert 並非單指甜的點心和糕點，
只要是總結整個套餐的食物，像是乳酪、水
果等都包含在內。在餐廳裡，有食用乳酪前
清理桌子的習慣，所以 dessert 可以說是由
desservir（清理桌子上的東西）這個字衍生而
來。另一方面，在日本，entremets 包含了上
面 dessert 的意思。entre 是「之間」，mets 則
指「料理」的意思，最初是指在宮廷宴會中
料理之間的餘興，但之後變成了甜點，不管
是清除口腔餘味的冰點心、水果類點心，或
者烤餅乾、可麗餅（法式薄餅）等，都算是
點心類。在點心的選擇上，必須以搭配其他
料理的口味為原則。

6

法國料理的
服務方式和菜單

法國料理的精緻與優雅，
不僅僅表現在菜單上而已，
其他像是用餐環境、
服務方式等都很著重。
以下簡單介紹
關於服務程序以及菜單的發源。

Carte
ou
menu?

法國料理的服務方式
是參照俄羅斯？

說到現在的法國料理，一道菜一道菜（單道吃法）的服務方式絕對是特色之一，其實這種方式又稱作「俄式服務方式」，當然也正如其名，是從俄羅斯傳過來的。在這之前的法國，用餐時是在桌子上排滿各式各樣的料理，在大快朵頤的同時，也能表現出富庶。不過，雖然呈現了豪華景象，但食物卻很容易冷掉，愈是盛大的宴會，能吃到的美味食物反而愈少。這種情況直到 1800 年後半，從俄羅斯歸國的名廚爾班·杜柏瓦（Felix Urbain Dubois）帶回「俄式服務方式」的觀念：在適當的時機，食用適當的份量，才能品嘗到食物的美味，才開始改變，也使得真心去享受吃東西，成為現在法國料理的風格。

是 memu，還是 carte ？

法文中的「menu」是指套餐的菜單，而「à la carte」則是在菜單內自己菜，自己組合成豐富的一餐。在法國的餐廳裡，侍者可能會詢問你「Carte ou menu ？」（您是要在菜單內點菜，還是用套餐的菜單點菜呢？）這時若你想請侍者拿可以單點的菜單，卻不小心說成「Le menu, s'il vous plaît」，侍者很可能送來的會是套餐的菜單，最好是講「La carte, s'il vous plaît」。

Légume de saison en gelée

Gelée de bouillabaisse

Terrine de viande

Rillettes de porc

Soufflé au jambon

Salade au bresse

Salada niçoise

Farci de tomates crevette et avocat

Mini brochettes

Quiche lorraine

Mousse de saumon fumé

Assortiment brandade

Saurel frite

Daurade mariné aux herbes

Pizza fruits de mer

Entrées
前 菜

蔬菜凍

這是用果凍把五顏六色、豐富的蔬菜凝固起來的完美一品，
模型可以拿玻璃杯或是就近取材，絲毫不費力。

Chef's advice

這道菜即使僅以小蕃茄為材料，不放其他蔬菜，也不
損成品的質感。你也可以改用其他蔬果，用不同的蔬
果汁取代蕃茄汁，簡單地就能裝飾料理。

Légume de saison en gelée

材料（1～2 人份）

紅、黃小蕃茄·········· 各 2 個
胡蘿蔔······················ 1/5 支
馬鈴薯······················ 1/4 個
綠蘆筍·························· 1 支
豌豆仁························ 1 大匙
百合根·························· 6 片
鹽····························· 適量

蕃茄凍

蕃茄··························· 3 個
吉利丁片····················· 3 克
檸檬汁·························· 少許
鹽、胡椒······················ 各少許

配菜＆裝飾

野苣··························· 適量
細香蔥·························· 適量
蒔蘿··························· 適量
山蘿蔔·························· 適量
小黃瓜·························· 適量
小蕃茄·························· 適量
墨西哥黃辣椒※················ 適量

※ banana pepper，有著香蕉形狀
的黃綠色椒。外皮軟、果肉厚
實，不論是生吃或烹煮後食用都
很美味。

準備工作

將小蕃茄放入熱水燙一下，當蕃茄表面
出現大塊的裂痕後撈出，放入冷水裡浸
泡或沖冷水，等蕃茄大約降溫而不燙
手，剝除外皮，果肉以食物調理機打成
碎泥（沒有的話可以用手搗爛、搗碎）。
將蕃茄碎泥以紗布包著，放在篩網上，
或者把蕃茄碎泥放在鋪了廚房紙巾的篩
網上，然後整個移入冰箱中冷藏一晚過
濾，瀝出透明的蕃茄汁液，需要大約
200 毫升。

做法

1 小蕃茄去掉蒂頭後縱切為二；胡蘿蔔、
馬鈴薯削除外皮，依個人喜好切成 1.5
公分大小的形狀；綠蘆筍削除根部較硬
的皮，切成 1.5 公分寬。

2 將胡蘿蔔、馬鈴薯、綠蘆筍、豌豆仁
和百合根分別放入加了鹽的熱水中煮。

3 參照 p.148，將吉利丁片放入大量的
冷水中泡至變軟、發脹。

4 將蕃茄汁液倒入鍋中慢慢地加熱，加
入鹽、胡椒調味，離火，放入擠乾水分
的泡軟吉利丁片。

5 等吉利丁片溶解後，整鍋汁液以篩網
過濾好，然後加入檸檬汁。

6 將胡蘿蔔、馬鈴薯、綠蘆筍、豌豆仁、
百合根和小蕃茄平均地擺放到玻璃杯或
模型中，慢慢倒入做法 5，移入冰箱中
冷藏 3 小時以上，使凝固成凍。

7 取出整杯蔬菜凍放在盤子上，再依個
人喜好，擺上薄荷或蔬菜裝飾即可。

準備工作

4

5

6

馬賽魚凍
Gelée de bouillabaisse

黃金色的馬賽魚凍中，鑲滿了各式各樣的魚肉，
是一道極致高雅的美味前菜。

材料（2 人份）

鮪魚生魚片	2 片
鯛魚生魚片	2 片
扇貝生魚片	2 片
甜蝦生魚片	2 尾
花枝生魚片	2 片
章魚生魚片	2 片
山蘿蔔	適量

馬賽凍
雞清高湯（參照 p.151）200 毫升
吉利丁片 7 克

番紅花	1 撮
鹽	適量

配菜＆裝飾
法國麵包片 適量
百里香 適量
油醋醬（參照 p.154） 適量

Chef's advice

除了海鮮之外，手邊現有的材料都
可以任意排列來製作這道料理。像
市售那種一盒裡面放了好幾種，但
量比較少的生魚片組合，就能輕鬆
地完成這道料理。此外，也可以不
用模型，直接將魚凍液倒入盤子，
成品一樣優雅美麗。

做法

1 雞清高湯倒入鍋中，放入鮪魚、鯛魚、
扇貝、花枝和章魚迅速煮一下，然後放
入冷水中泡（煮汁不要倒掉），等表面
變色，撈出擦乾水分，全部切成約 0.7 公
分的小丁。甜蝦、山蘿蔔切約 0.7 公分長。

2 將做法 1 中剛才煮海鮮的雞清高湯加
熱至沸騰，離火，放入番紅花和鹽，放
著約 10 分鐘，讓番紅花的顏色釋放到高
湯裡。在此同時，參照 p.148，將吉利丁
片放入大量的冷水中泡至變軟、發脹。

3 將做法 2 的鍋子再次加熱，放入擠乾
水分的泡軟吉利丁片，等吉利丁片溶解
後，整鍋汁液以篩網過濾好。

4 將做法 1 中的海鮮、山蘿蔔平均地擺
放到模型中，慢慢倒入做法 3，移入冰箱
中冷藏 3 小時以上，使凝固成凍。完成
後取出魚凍放在盤子上，再依個人喜好，
擺上法國麵包片、百里香，淋上油醋醬
即可食用。

雞肉、豬肉、牛肉與秋日栗子凍
Terrine de viande

在法國，肉凍是小酒館、家常菜餐廳裡必備的基本料理。
由於混合了多種肉類，更能襯托出每一種肉類的獨特風味。

材料（8×25×5.5 公分肉凍模型，1 個份量）

雞腿肉	200 克	鹽	1 大匙
豬肩里脊肉	400 克	胡椒	1 小匙
牛肩里脊肉	160 克	水煮栗子	適量
日本大蔥	1 根	水煮銀杏	適量
西洋芹	1 根	**配菜＆裝飾**	
白酒	60 毫升	陽光紅生菜	適量
法國干邑白蘭地	60 毫升	水菜	適量
洋蔥	1/2 個	細香蔥	適量
雞蛋	2 顆	酸黃瓜	適量
麵包粉	100 克	粗粒黑胡椒	適量
牛奶	130 毫升		
鮮奶油	160 毫升		

Chef's advice

在這道料理中是運用到栗子、銀杏等秋天的果實，不過換成香菇或核果等食材，同樣能烹調出好滋味。

準備工作

所有的肉類食材都切成 1 公分小丁；大蔥、西洋芹切薄片。將肉類放入已經混合好的白酒和干邑白蘭地中醃漬一晚。

做法

1 用菜刀將醃漬一晚的肉類和蔬菜剁細碎；洋蔥切細末。

2 將雞蛋、麵包粉、牛奶、鮮奶油、鹽和胡椒加入做法 1 中，混合攪拌至有黏性。（如果用食物調理機處理做法 1、2 的話會更簡單、省時）

3 加入銀杏、切對半的栗子迅速混合，填入模型之中。

4 將模型放在烤盤上，倒入熱水至烤盤約八分滿。烤箱預熱至 150℃，將烤盤放入烤箱，隔熱水烘烤約 45 分鐘。

5 取出烤盤，置於一旁放涼，然後放入冰箱冷藏一晚再把栗子凍脫模。

6 依個人的喜好將栗子凍切成適當厚度，排入盤中，搭配陽光紅生菜、水菜、細香蔥和酸黃瓜，撒上些許粗粒黑胡椒即可食用。

豬肉泥

這道凝縮了肉的鮮美與香氣的開胃小菜，最適合與白酒一同享用。

不管是和沙拉混合在一塊、當做三明治的夾餡，甚至還能搭配更多料理食用，是家家餐桌的常備料理。

將它存放在冰箱，隨時能夠取用，真是省時省力又方便。

Rillettes de porc

材料（10 人份）

豬五花（腹部）·········	500 克
洋蔥·········	1/2 個
沙拉油·········	適量
鹽、胡椒·········	各少許
香草束（參照 p.168）·········	1 束
白酒·········	200 毫升
水·········	適量

配菜 & 裝飾

法國麵包片·········	適量
酸黃瓜·········	適量

做法

1 豬五花切 3 公分塊狀；洋蔥切薄片。

2 沙拉油倒入鍋中燒熱，加入豬五花，以中火仔細地翻炒，炒至油脂釋出。加入洋蔥，炒至洋蔥呈透明，撒入鹽、胡椒調味。

3 加入香草束，倒入白酒，蓋上鍋蓋以小火燉煮約 2 小時。煮的過程中偶爾掀開鍋蓋，一旦發現水分快要蒸發就要加水，可數次加入些許水，保持水剛好和食材差不多高度持續燉煮。

4 當豬五花煮至軟爛取出香草束，將肉盛到盤子裡（煮肉的湯汁不要倒掉）。

5 趁豬五花剛煮好還是熱騰騰時，用叉子背將肉壓碎。

6 將放涼的煮肉湯汁、豬五花碎放入盆子中，撒入鹽、胡椒調味，然後在盆子底下墊一盆冰水，將肉碎和湯汁攪拌至油脂凝固、變得黏糊糊為止。

7 將完成的肉泥放入容器中，依個人喜好搭配酸黃瓜、稍微烤過的麵包片一起食用最美味。

完成的豬肉泥放在密封容器中，冷藏的話可保存大約 1 個月。

Chef's advice

通常這道料理會加入豬背油脂製作，不過若你使用的是豬腹部的五花肉（油脂和肉比例各佔一半）的話，豬背油脂可以不加。此外，像秋刀魚、沙丁魚這類青背魚也可以用來製作這道料理。

火腿乳酪舒芙蕾

乳酪的濃郁可口和香氣瀰漫整個柔軟蓬鬆的麵糊，
嘗一口，美味得令人不禁微笑陶醉。

Soufflé au jambon

材料（直徑 8.5× 深 4.5
公分小型圓的耐熱烤皿，4
個份量）

里脊火腿‥‥‥‥‥‥‥‥‥ 50 克
雞蛋‥‥‥‥‥‥‥‥‥‥‥‥ 1 顆
白醬（參照 p.158）‥‥‥ 250 豪升
現磨帕瑪森乳酪‥‥‥‥‥ 20 克
奶油‥‥‥‥‥‥‥‥‥‥‥‥ 少許
低筋麵粉‥‥‥‥‥‥‥‥‥‥ 少許

做法

1 里脊火腿切 3 公分粗丁；蛋白和蛋黃
分開。

2 在烤皿的內側刷上薄薄的一層奶油，
均勻地撒上低筋麵粉，然後把多餘的粉
倒出。

3 將白醬、現磨帕瑪森乳酪放入盆子
中，加入蛋黃，以打蛋器混合拌勻。

4 將里脊火腿加入做法 3 中混合。

5 準備一個乾淨、完全擦乾水分且不含
油脂的鋼盆，放入蛋白，以電動攪拌器
先將蛋白打散，然後快速攪打，攪打至
以攪拌器舀起蛋白霜，泡沫的尖端完全
挺起。

6 將打好的蛋白霜分成兩次拌入做法 4
中，拿刮刀以拌切的方式，動作輕且迅
速地混合，避免蛋白霜消泡。

7 將做法 6 迅速地裝入烤皿中，可稍微
比烤皿高度高，然後將烤皿輕敲桌面數
次，趕走麵糊中的空氣，使麵糊表面平
整，放入預熱至 160℃的烤箱中烘烤約
18 分鐘。

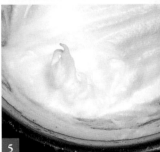

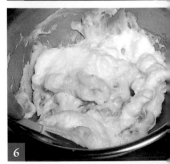

Chef's advice

為了使舒芙蕾蓬鬆地脹起來，必須防止蛋白消泡，所以用刮刀拌切入時，動
作輕且迅速地混合蛋白霜和火腿是成功的關鍵。此外，由於舒芙蕾出爐後，
遇到冷空氣很快就會塌陷，所以建議迅速吃了它。

布列斯風沙拉
Salad au bresse

布列斯（Bresse）是法國知名的雞肉產地，
所以這道沙拉中使用了大量的雞肉當作主食材。

材料（2 人份）

陽光紅生菜	2 片	鹽、胡椒	各適量
沙拉菠菜	100 克	沙拉油	適量
芝麻葉	50 克	紅酒醋	少許
雞蛋	2 顆	法國麵包片	適量
雞胸肉	50 克	油醋醬（參照 p.154）	適量
雞肝	80 克		

（參照 p.154）

Chef's advice

雞肝以火過度烹調的話會產生臭
味，所以要避免煎太久。此外，雞
肉煮太久肉質也會變硬，更要留意
烹煮的時間。

做法

1 將雞蛋放入 70℃ 的熱水中煮約 40 分
鐘，煮成溫泉蛋。法國麵包片稍微烘烤
一下。

2 陽光紅生菜、沙拉菠菜、芝麻葉用手
撕成易入口大小，放入盆子裡混一下。

3 雞胸肉、雞肝切成一口大小，撒上些
許鹽和胡椒。平底鍋燒熱，倒入沙拉油，
分別放入雞胸肉、雞肝炒熟，然後淋入
紅酒醋。

4 將做法 2 盛入盤中，排上放冷的炒雞
胸肉和雞肝、法國麵包片、溫泉蛋，淋
上油醋醬即可食用。

尼斯沙拉
Salada niçoise

這是法國南部尼斯地方最受大家所喜愛的沙拉料理，
它最大的特色在於，集合了蕃茄、橄欖和鯷魚等法國南部的特產食材來製作。

材料（2人份）

陽光紅生菜	1/2 個	鮪魚罐頭	1 小罐（80 克）
小黃瓜	1/2 根	鯷魚	4 片
紅椒	1/3 個	綠橄欖	8 個
小洋蔥	2 個	蒔蘿	適量
蕃茄	1/2 個	野苣	適量
雞蛋	2 顆	羅勒醬（參照 p.161）	適量

做法

1 鍋中倒入冷水，放入雞蛋大約煮 11 分鐘，取出剝掉蛋，將蛋縱切成 4 等分。

2 陽光紅生菜用手撕成易入口大小；小黃瓜、紅椒切滾刀塊；小洋蔥切薄片；蕃茄切成船型。

3 將做法 2 放入盆子裡好好地拌一下，然後盛入盤中，放入瀝乾油分的鮪魚、鯷魚碎、綠橄欖、蒔蘿、野苣和水煮蛋，淋上羅勒醬即可食用。

酪梨蝦仁鑲蕃茄

Farci de tomates crevette et avocat

這道用蕃茄當作容器盛裝的料理，讓餐桌看起來更加高雅，吸引大家的目光，
而且最令人高興的是，烹調的方法無比簡單。

材料（2 人份）

蕃茄	2 個	檸檬汁	少許
熟酪梨	1/2 個	鹽、胡椒	各少許
蝦仁	6 尾	食用開心果油或橄欖油	適量
醋	少許		
鹽	少許		
美乃滋（參照 p.156）	適量		

Chef's advice

蕃茄先放入滾水中汆燙去皮，可以防止果肉碎爛，食用時才能以叉子順利切塊。此外，酪梨盡量選熟透的。

做法

1 以刀子在蕃茄表面劃十字，放入滾水中汆燙，取出放入冷水浸泡，撕除外皮。因為蕃茄要當作容器，所以將蕃茄切下一部分當作蓋子，接著用湯匙把當作容器的蕃茄果肉挖掉。

2 將醋、鹽倒入滾水中，放入蝦仁煮約 1 分鐘，撈出切成 1 公分的小丁。

3 酪梨縱切成兩半，取出果核，削除外皮，果肉切成 1 公分的小丁。

4 將做法 2、3、美乃滋、檸檬汁、鹽和胡椒混合拌勻，填入當作容器的蕃茄中。

5 將蕃茄放入盤中，放上當作蓋子的蕃茄，畫圈般滴入些許開心果油即可享用。

綜合開胃小菜
Mini brochettes

只要用叉子將喜歡的食材穿起來，輕而易舉就能完成豪華的前菜！
掌握製作的小技巧，讓每位來訪的客人都能賓至如歸。

Chef's advice

隨手搭配冰箱中的食材，享受隨意
所欲做菜的樂趣！

材料和做法（2 人份）

1 火腿與酸黃瓜 ····················· **2 支**
火腿切成適當大小，然後用叉子將火腿
和酸黃瓜串起即可。

2 生蠔與蘆筍 ······················· **2 支**
2 個生蠔肉放入碗中，撒上鹽和胡椒，均
勻地沾裹低筋麵粉，然後放入以沙拉油
熱好的平底鍋中煎熟。將 1 根蘆筍根部
較硬的外皮削除，切成 3～4 公分長，
放入滾水中煮熟。用叉子將生蠔肉和蘆
筍串起即可。

3 小蝦仁與卡門貝爾乳酪 ············· **2 支**
2 尾蝦仁放入滾水中迅速煮一下，撈出瀝
乾放涼；卡門貝爾乳酪（Camembert）切
隨意的塊狀。用叉子將蝦仁和乳酪叉起
即可。

4 馬鈴薯與戈貢佐拉乳酪 ············· **2 支**
2 片馬鈴薯圓片放入滾水中迅速煮一
下，撈出瀝乾放涼；戈貢佐拉乳酪
（Gorgonzola）切小塊。用叉子將馬鈴薯
和乳酪串起即可。

5 將完成的做法 1~4 排入盤中，搭配香
草、橄欖油或 p.16 的馬賽魚凍即可享用。

洛林鹹派

這是比鄰德國的洛林區（Lorraine）的地方料理。
酥脆的派皮麵團加入鮮奶油和乳酪、培根，濃郁的香氣讓人吃過難忘。

Chef's advice

麵團如果過度揉搓的話會出筋，麵團會縮，無法達成酥脆的口感，因此揉搓
時須特別注意。內餡部分，可依個人喜好加入蔥、香菇、豆類或根菜類、芋
類等食材。

Quiche lorraine

材料（直徑 24 公分的塔盤，1 個份量）

布里階麵團

低筋麵粉……………… 110 克
無鹽奶油………………… 60 克
蛋液…………… 1/2 顆份量
細砂糖……………… 1 大匙
鹽………………… 1/2 小匙
牛奶……………… 1/2 大匙

蛋奶醬汁內餡

培根……………………… 50 克
菠菜……………………… 40 克
蘑菇……………………… 3 個
雞蛋……………………… 1 顆
鮮奶油………………… 50 毫升
牛奶…………………… 50 毫升
鹽……………………… 少許
胡椒…………………… 少許
現磨帕瑪森乳酪……… 10 克

裝飾

水菜……………………… 適量
小蕃茄…………………… 適量

準備工作

參照 p.146 步驟順序製作麵團，然後放入冰箱冷藏鬆弛 3 小時。

做法

1 撒一些手粉（材料量以外）在工作檯面上，放上鬆弛好的麵團，以擀麵棍將麵團均勻地擀成約 0.3 公分厚。

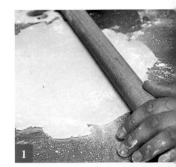

2 塔盤塗抹一層薄薄的無鹽奶油（材料量以外），將塔皮鋪放在塔盤上，用手輕輕按壓邊緣和底部接合處的塔皮，使塔皮完全附著在塔盤上，貼合塔盤的花紋。

3 以擀麵棍從塔盤上方擀過去，切掉多餘的塔皮。

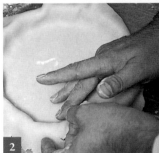

4 用叉子在塔皮底部均勻地戳出小洞，鋪入烤盤紙，放入重石或烘焙豆，整個塔盤移入預熱已達 180℃的烤箱中烘烤約 20 分鐘，進行盲烤。

5 培根切長條；蘑菇切成 0.5 公分的厚片，連同培根放入平底鍋中略炒一下；菠菜放入滾水中迅速煮一下，撈出瀝乾切 2 公分長。

6 雞蛋放入盆中打散，加入鮮奶油、牛奶、鹽和胡椒粉拌勻。

7 將做法 5 的餡料倒入做法 4 的塔盤中，接著倒入做法 6，撒上現磨帕瑪森乳酪。

8 烤箱預熱到 180℃，放入塔盤烘烤約 25 分鐘。

9 取出烤好的鹹派切成數片，搭配水菜、小蕃茄即可享用。

煙燻鮭魚慕斯

口感蓬鬆、鬆軟的慕斯，是法國料理代表性前菜之一。
粉紅色的煙燻鮭魚配上菠菜鮮豔的綠色，為餐桌增添耀眼的光彩。

Mousse de saumon fumé

材料（2 人份）

煙燻鮭魚⋯⋯⋯⋯⋯⋯	160 克
水煮菠菜⋯⋯⋯⋯⋯⋯	30 克
奶油乳酪（Cream cheese）	
⋯⋯⋯⋯⋯⋯⋯⋯⋯	40 克
鮮奶油⋯⋯⋯⋯⋯⋯	10 克
檸檬汁⋯⋯⋯⋯⋯⋯	少許
鹽、胡椒⋯⋯⋯⋯⋯	各少許

配菜 & 裝飾

法國麵包片⋯⋯⋯⋯⋯	適量
沙拉生菜⋯⋯⋯⋯⋯⋯	適量
櫻桃蘿蔔⋯⋯⋯⋯⋯⋯	適量
蒔蘿⋯⋯⋯⋯⋯⋯⋯	適量

做法

1 將煙燻鮭魚、水煮菠菜切細末。

2 將回到室溫的奶油乳酪倒入盆中，用刮刀充分攪拌，然後加入鮮奶油。

3 用攪拌器將做法 2 充分攪打成慕斯狀。

4 加入煙燻鮭魚、水煮菠菜混合拌勻，繼續以檸檬汁、鹽和胡椒調味。

5 將湯匙放入熱水中沾濕，舀起一湯匙一湯匙慕斯放在盤子上。

6 可以依照個人喜好，增添法國麵包片、沙拉生菜、櫻桃蘿蔔和蒔蘿。

Chef's advice

家中備有食物調理機的話，製作這道料理會更輕鬆、省時。不過為了避免粉紅色的煙燻鮭魚和鮮綠的菠菜糊結成一團、無法呈現各自的顏色，建議等煙燻鮭魚攪打完成，再加入菠菜混合拌勻。

4 種抹醬

這裡要介紹的是最適合搭配酒類的 4 種抹醬。
brandade 是指鹽漬鱈魚和馬鈴薯泥混合而成的抹醬，
是南法知名的地方料理。

1. 鹽漬鱈魚
與馬鈴薯抹醬

材料（3 人份）

鱈魚片	70 克
蒸熟的馬鈴薯泥	100 克
鹽	適量
牛奶	200 毫升
橄欖油	1 大匙
蒜末	1 小匙
鮮奶油	2 大匙
法國麵包片	適量
巴西里末	少許

做法

1 將多一點鹽撒在鱈魚片上；牛奶和 2 杯水倒入鍋中。將鱈魚片放入牛奶水中煮至變軟，取出壓成碎泥。

2 鍋中倒入橄欖油、蒜末，以小火加熱，等香氣散出立刻加入鱈魚碎泥、馬鈴薯泥、鮮奶油混合拌勻。

3 可以依照個人口味，例如配上烤至上色的法國麵包片等食物，再撒上些許巴西里末食用。

Assortiment brandade

2. 蝦仁 與馬鈴薯抹醬

材料（3 人份）

蒸熟的蝦仁末	30 克
蒸熟的馬鈴薯泥	100 克
橄欖油	1 大匙
蒜末	1 小匙
鮮奶油	2 大匙
鹽	少許
胡椒	少許

裝飾

菊苣	適量
芝麻葉	適量
蒔蘿	適量

做法

1 鍋中倒入橄欖油、蒜末，以小火加熱，等香氣散出立刻加入蝦仁末輕輕炒一下。

2 接著加入馬鈴薯泥、鮮奶油混合拌勻，再加入鹽、胡椒調味。

3 用湯匙舀取一湯匙的份量，放在菊苣上，搭配些許香草即可享用。

3. 煙燻鱈魚 馬鈴薯抹醬

材料（3 人份）

市售煙燻鱈魚	50 克
生火腿片	1/4 片
蒸熟的馬鈴薯泥	80 克
牛奶	40 毫升
橄欖油	3 大匙
鹽、胡椒	各適量
檸檬汁	適量

裝飾

炸薯片	適量
山蘿蔔	適量

做法

1 煙燻鱈魚、生火腿片切細末。

2 牛奶倒入鍋中煮沸，加入馬鈴薯泥以小火煮。

3 煮 1～2 分鐘至馬鈴薯泥變濃稠，立刻加入煙燻鱈魚、生火腿、橄欖油，再加入鹽、胡椒和檸檬汁調味。

4 將炸薯片和做法 3 的抹醬以交叉層疊方式排盤，再裝飾些許山蘿蔔即可享用。

4. 蟹肉 與酪梨抹醬

材料（3 人份）

蟹肉碎	120 克
酪梨	2 個
蒜末	1/2 小匙
橄欖油	1/2 大匙
檸檬汁	適量
美乃滋	1½ 大匙
鮮奶油	1 小匙

裝飾

小蕃茄	3 個

做法

1 鍋中倒入橄欖油、蒜末，以小火加熱，等香氣散出立刻加入蟹肉碎輕輕炒一下。

2 酪梨縱切成兩半，取出果核，削除外皮，果肉壓成泥。

3 等做法 1 涼了加入酪梨、檸檬汁、美乃滋和鮮奶油混合拌勻。

4 以刀子在蕃茄表面劃十字，放入滾水中汆燙，取出放入冷水浸泡，撕除外皮。因為蕃茄要當作容器，所以將蕃茄切下一部分當作蓋子，接著用湯匙把當作容器的蕃茄果肉挖掉。

5. 將做法 3 填入當作容器的蕃茄中即可享用。

Chef's advice

傳統上抹醬是放在深鍋或耐熱容器中，然後以麵包片沾食，不過我們在這裡介紹的變化款是放在蔬菜上享用，更具有獨特的樂趣。另外，利用馬鈴薯做成的抹醬，放入烤箱中烘烤也可以做成焗烤料理。

炸小竹筴魚
Saurel frite

醬汁結合了帶籽芥末醬的辣與蜂蜜的甜，
與魚類料理搭配十分契合，令人垂涎欲滴。

材料（2 人份）

小竹筴魚	6尾	醬汁 & 裝飾	
鹽	適量	蜂蜜	2大匙
胡椒	適量	帶籽芥末醬	1大匙
低筋麵粉	適量	平葉巴西里末	適量
炸油	適量		

Chef's advice

這道料理中為了讓魚肉口感軟嫩，
所以用低油溫來炸，若換成用高油
溫（190 ～ 200℃）炸的話，魚骨
被炸得酥脆，可以整條魚都吃掉。

做法

1 小竹筴魚刮掉魚鱗，清除內臟，然後
清洗乾淨，以廚房紙巾擦乾水分。

2 將鹽、胡椒撒在小竹筴魚上，均勻地
沾裹麵粉，放入 170℃的油鍋中炸約 5 分
鐘至焦黃。

3 將蜂蜜和帶籽芥末醬拌勻成醬汁。

4 將炸好的小竹筴魚排在盤中，淋上醬
汁，再撒些巴西里末即可享用。

醃漬鯛魚肉佐香草醬汁
Daurade mariné aux herbes

只要準備好生魚片、橄欖油和香料，完成這道料理一點都不難。
由於做法簡單且品項高雅，是宴會食譜中不可缺的美食。

材料（2 人份）

鯛魚生魚片…………… 160 克	特級冷壓橄欖油…… 100 毫升
鹽、胡椒…………… 各少許	檸檬汁…………………2 大匙
特級冷壓橄欖油………… 適量	鹽…………………………少許
醬汁	胡椒………………………少許
自己喜歡的香草	裝飾
（巴西里、山蘿蔔等） 10 克	迷你蕃茄………………… 適量
	芝麻葉…………………… 適量

Chef's advice

除了白肉魚之外，像青鮒這類青背
魚也可拿來做這道料理。如果使用
青背魚的話，切厚一點會更有嚼
勁。香草則盡量選新鮮、香氣不重
的使用，以免香氣過重會蓋過魚肉
本身的味道。

做法

1 鯛魚切薄片排在平盤上，撒些鹽、胡
椒，滴入特級冷壓橄欖油後稍微置放一
下。

2 香草切細末。將特級冷壓橄欖油、檸
檬汁、鹽和胡椒倒入容器中，加入香草
末拌勻成醬汁。

3 將醃好的鯛魚排入乾淨的盤中，淋上
醬汁，再依個人喜好放上迷你蕃茄、芝
麻葉或其他香草裝飾，立刻食用最美味。

法式海鮮披薩
Pizza fruits de mer

在義大利發明的披薩加上白醬,搖身一變成為法式美食。
可以依照自己的喜好隨意選用食材當配料,搭配成不同的口味。

材料(直徑 30 公分的麵團,2 片)

披薩麵團
高筋麵粉⋯⋯⋯⋯⋯⋯⋯80 克
低筋麵粉⋯⋯⋯⋯⋯⋯⋯80 克
新鮮酵母⋯⋯⋯⋯⋯⋯⋯1 克
大約 30℃ 的溫水 80 ~ 90 毫升
橄欖油⋯⋯⋯⋯⋯⋯1/3 小匙
鹽⋯⋯⋯⋯⋯⋯⋯⋯1/2 小匙

醬汁
白醬(參照 p.158)⋯⋯ 100 毫升

配料
淡菜肉(去殼)⋯⋯⋯16 個

生鮭魚⋯⋯⋯⋯⋯⋯⋯80 克
蝦仁⋯⋯⋯⋯⋯⋯⋯⋯16 尾
扇貝⋯⋯⋯⋯⋯⋯⋯⋯8 個
綠花椰菜⋯⋯⋯⋯⋯⋯8 朵
蕃茄⋯⋯⋯⋯⋯⋯⋯⋯1 個
現磨帕瑪森乳酪⋯⋯⋯適量

配菜＆裝飾
自己喜歡的香草或生菜
(例如芝麻葉、萵苣等)
⋯⋯⋯⋯⋯⋯⋯⋯⋯⋯適量
黑胡椒⋯⋯⋯⋯⋯⋯⋯適量
橄欖油⋯⋯⋯⋯⋯⋯⋯適量

Chef's advice

醬汁部分可以參照 p.159,嘗試換成翡翠白醬等變化款的白醬,體驗令人意想不到的特殊風味。

披薩麵團做法

1 將新鮮酵母、30 毫升的溫水、橄欖油和鹽倒入盆中,用手混合拌勻。

2 將所有粉類混合後篩入一個大盆中,加入做法 1 混合拌勻。

3 倒入剩餘的溫水,搓揉成一個麵團。

4 將麵團放在撒了手粉(材料量以外)的工作檯面上,然後揉麵團約 5 分鐘。

5 將揉好的麵團放入盆中,蓋上濕布,讓麵團鬆弛約 2 小時。

披薩做法

1 將披薩麵團分成 2 份,將 2 個麵團都放在撒了手粉(材料量以外)的工作檯面上,擀成直徑約 30 公分的圓餅皮。

2 生鮭魚切成易入口大小;扇貝切對半;綠花椰菜分成數小朵,放入滾水迅速燙一下;蕃茄切成 1 公分小丁。

3 在餅皮上塗抹薄薄的一層白醬,均勻地放上海鮮料,再鋪上蔬菜料,撒上大量的現磨帕瑪森乳酪,放入預熱已達 250℃ 的烤箱中烘烤 7 ~ 8 分鐘。

4 取出烤好的披薩分切成數等分,排入盤中,然後依個人喜好撒上橄欖油、黑胡椒,搭配香草或萵苣等即可食用。

Cheese!

乳酪的製作方法、原料種類眾多，
成品豐富，而且每一種產品都有它獨
特的風味與個性。
正因為這樣，才會成為每天吃都不會
膩，充滿魅力的食材。

正餐、甜點、下酒菜……
乳酪無處不在！

美食家布里亞·薩瓦蘭（Brillat-
Savarin）曾留下一句名言：「沒有乳酪的
晚餐，就像缺了一隻眼睛的美女。」對法
國人來說，乳酪是用餐時不可或缺的材
料。這就好像對日本人來說，吃米飯一定
要配醃醬菜一樣。乳酪與葡萄酒更是相輔
相成，關係剪都剪不斷。不管是居家或者
在外，法國人在餐後幾乎一定會享用乳酪
與葡萄酒。

乳酪不僅適合配葡萄酒，它和果醬、水
果等甜食也十分契合。只要在蘋果、奇異
果、香蕉等水果上，撒上切片的乳酪，就
成了一道美味的甜點或下酒菜。

近來在百貨公司的地下美食街，專門販
售各式乳酪的專門店如雨後春筍般出現，
某些少見的乳酪漸漸地容易就能買到。而
在專業的法式餐廳裡，有些只有在國外才
能見到、國內始終難以進口的食材，也不
再望之興嘆。總之，希望大家能夠勇於嘗
試新的口味，找出最適合自己的乳酪與搭
配的菜餚。

認識美味乳酪 6 大類

天然乳酪隨著原料與製作方法的差異，一共可以分成 6 大類。
從風味、口感、形狀上各都多采多姿，以下就來介紹這些乳酪的特徵與代表性產品。

白黴類

外表有一層白黴菌的乳酪。白黴菌會分解乳酪的
蛋白質，從表面向中心漸漸熟成。隨著產品的熟
成，香氣漸漸濃郁，內部則會柔軟得如同漿糊般。
代表性的產品有卡門貝爾乳酪（Camembert）等。

布利乳酪
Brie de meaux

有「白乳酪女王」稱號
的著名乳酪。表面有
麥稈紋樣（panier），
紋樣上覆蓋著一層白
黴菌。熟成後外皮會
呈現偏黃的橘色，香
氣更加濃郁。

夏烏爾乳酪
Chaource

外表覆蓋著一層像天鵝絨般柔軟
的白黴菌，不同的熟成狀態，會
帶給人不同的印象。在較為鬆脆
的初期熟成時，與玫瑰紅酒、香
檳等是絕配。

藍黴類

俗稱藍紋乳酪、藍乳酪。特徵是獨
特的風味與鹹味、辣味。適合與甜
酒，或者加入蜂蜜、水果乾烘焙的
麵包等，讓人感到甜味的食品一起
食用。

侯克佛乳酪
Roquefort

法國南部盧埃格地方（Rouergue）侯克佛村
出品的藍紋乳酪之王。由於產品百分之百使用
羊乳，產期有限。這款產品是全法國最古早的
藍紋乳酪之一，和法國國王查理 4 世有密切的
關係。

羊乳類

以山羊乳製作的乳酪。發酵初期、剛成形的乳酪會帶有酸
味。某些產品為了抑制酸味，會在乳酪外面覆蓋一層木炭
粉。在熟成的每一個階段都有其特殊的風味，能隨著產品
狀態變化改變品嘗方式，也是這種乳酪的魅力之一。

Crottin de chavignol fermier 乳酪

「crottin」在法文中是「馬糞」的意思。這款乳酪
在乾燥、表面覆蓋黴菌後，形狀與顏色看來都像糞
便，因而有這樣的名字。儘管名稱難聽，在法國卻
是長年的暢銷產品。從初期的新鮮乳酪，到最後完
全乾燥的「sec」狀態為止，每個熟成階段的口味
變化都值得品嘗。

Sainte-Maure de touraine 乳酪

是都蘭地區（Touraine）的傳統山羊乳
酪。乳酪中心有一根麥稈，外表包覆著
一層 cendre（木炭等物質的灰）。隨著
熟成發展，表面會覆蓋一層白黴菌，漸
漸轉為灰色。

新鮮乳酪類

必須在剛出品的新鮮狀態下食用的乳酪。打個比方，這就好像乳酪的雛鳥一樣。這種乳酪使用全脂乳或脫脂乳製作，其中具代表性的產品茅屋乳酪（Cottage cheese）使用的是脫脂乳。其他有名的產品，則有新鮮的莫札瑞拉乳酪（Fresh mozzarella）、奶油乳酪（Cream cheese）等。

布里亞・薩瓦蘭乳酪
Brillat-Savarin

和法國著名美食家兼作家布里亞・薩瓦蘭同名的乳酪，是新鮮乳酪的頂尖產品。這是一種在原料中加入鮮奶油的三重脂肪乳酪（Triple cream cheese，其乳脂肪含量至少 75％），乳酪的組織纖細，會在口中逐漸溶化。口味帶點微微的酸味和牛奶的甜味，與鮮奶油的芳醇口感調和良好，具有優雅的風格。

洗式乳酪類

洗式乳酪（Washed-rind cheese）是在熟成過程中，以鹽水或酒清洗表面製作的乳酪。清洗的過程會活化酵母菌，促進熟成。清洗的次數越多，產品的風味和色澤就越複雜多變。外皮具有獨特的強烈氣味，內層則口感溫和。

蒙多爾乳酪
Mont d'Or

乳酪周邊用杉木薄板包住，隨著熟成的過程，木頭的氣味會融入乳酪裡。可以一邊用湯匙直接舀起乳酪，一邊搭配麵包或蔬菜享用。

愛波瓦塞乳酪
Époisses

只有在勃艮地（Bourgogne）的特定地區生產的特種乳酪。完全熟成後，內部柔軟得像是鮮奶油，可以用湯匙直接舀出食用。最後一次清洗時，會使用勃艮地產的果渣白蘭地酒（marc）仔細清洗整個外部，使得內層有濃烈的風味，外層又有獨特的香氣。

硬質、半硬質類

半硬質乳酪在製作時，並未經過加熱程序，直接壓成凝乳餅進入發酵程序，所以又稱作非加熱壓榨型。這種乳酪也是亞洲人印象中、最熟悉的乳酪。相對的，硬質乳酪會以高溫加熱方式去除水分，所以又稱作加熱壓榨型。

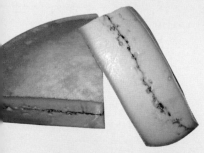

莫比耶
Morbier

這種乳酪的起源，是用製作凝乳時剩下的牛奶臨時製成的凝乳餅，特徵是在乳酪中央有一條黑煤的痕跡。口感有彈性，會在口中散發熟成後的芳香，屬於半硬質乳酪。

艾蒙塔爾乳酪
Emmental de savoie

這種乳酪的名稱，來自於瑞士首都伯恩（Bern）的愛蒙塔爾地區（Emmental）。不過產地不限於瑞士，在法國也有大量的生產、消費記錄。乳酪的剖面可以看到許多圓圓的乳酪眼（Cheese eye）。這種空洞是乳酪發酵過程中，因為丙酸乳酸菌發酵所造成的。分類屬於硬質乳酪。

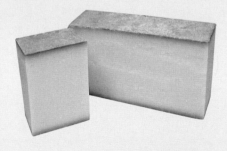

孔泰乳酪
Comte extra

完全熟成的孔泰乳酪外皮呈現深褐色，以食用春、夏嫩草牛隻的牛乳製作。乳酪內部組織的黃色較濃，味道甘醇，口感又有如同栗子一樣的鬆脆。這是製作前菜時不可或缺的硬質乳酪。

白蘆筍濃湯

濃郁的湯品飄散著珍貴白蘆筍清淡的香氣，品嘗一口，更令人欲罷不能！

Potage d'asperge blanche

材料（4 人份）

白蘆筍·························
約 450 克（可用部分 300 克）
洋蔥·························· 1/4 個
奶油·························· 1 大匙
雞清高湯（參照 p.151）
····················· 180 毫升
牛奶····················· 100 毫升
鮮奶油·················· 40 毫升
鹽、胡椒················· 各少許

裝飾
橄欖油··················· 適量
平葉巴西里··············· 適量

做法

1 白蘆筍先切掉根部較硬的部分（約 1/3 長度），其餘切成 3 公分長；洋蔥切 0.2 公分厚的薄片。

2 鍋燒熱，放入奶油，加入洋蔥以小火炒軟、呈透明狀。

3 接著加入白蘆筍，稍微炒一下。

4 倒入雞清高湯，蓋上鍋蓋，煮約 15 分鐘，煮至食材變軟。

5 將做法 4 倒入果汁機中，攪打成泥狀，然後倒回剛才煮的鍋中。

6 倒入牛奶、鮮奶油稍微加熱，以鹽、胡椒調味。

7 將完成的濃湯盛入湯盤中，依個人喜好畫圈般滴入些許橄欖油，以巴西里裝飾即可享用。

Chef's advice

這是一道白色的湯，所以炒蔬菜料時要特別留意絕對不可以炒焦。此外，濃湯會依加入的食材呈現不同的濃稠度，因此，必須先嘗過才能調整牛奶和鮮奶油的添加量。

胡蘿蔔濃湯
Potage crème de carotte

橘色讓餐桌增添華麗感。
胡蘿蔔的自然甘甜隨著湯汁，瀰漫在口中，
享受到食材的天然味。

材料（4 人份）

胡蘿蔔	2⅓ 根	鮮奶油	40 毫升
馬鈴薯	1/2 個	鹽、胡椒	各少許
洋蔥	1/2 個	裝飾	
奶油	2 大匙	橄欖油	適量
雞清高湯（參照 p.151）		巴西里末	適量
	200 毫升		
牛奶	240 毫升		

做法

1 胡蘿蔔削除外皮，切約 0.2 公分厚的薄片；馬鈴薯削除外皮，切約 0.1 公分厚的薄片；洋蔥切約 0.2 公分厚的薄片。

2 鍋燒熱，放入奶油，加入洋蔥以小火炒軟、呈透明狀。

3 接著加入胡蘿蔔迅速炒一下，倒入雞清高湯，加入馬鈴薯，蓋上鍋蓋，煮約 15 分鐘，煮至食材變軟。

4 將做法 3 倒入果汁機中，攪打成泥狀，然後倒回剛才煮的鍋中。

5 倒入牛奶、鮮奶油稍微加熱，以鹽、胡椒調味。

6 將完成的濃湯盛入湯盤中，畫圈般滴入些許橄欖油，以巴西里末裝飾即可享用。

地瓜濃湯
Potage de pomme douce

自然甘甜的地瓜濃湯上撒入些許黑胡椒，
更能提升鮮美滋味。

材料（4 人份）

地瓜	1⅓ 根	鮮奶油	50 毫升
雞清高湯（參照 p.151）		鹽、粗粒黑胡椒各少許	
	190 毫升	裝飾	
牛奶	120 毫升	巴西里末	適量

做法

1 地瓜連皮一起蒸熟，取出削除外皮，切大塊。取適量點綴用的地瓜，切成 0.5 公分的小丁。

2 趁做法 1 的地瓜塊還有餘溫時，連同雞清高湯一起倒入果汁機中攪打成泥狀。

3 將打好的泥倒回剛才煮的鍋中，倒入牛奶、鮮奶油稍微加熱，以鹽、粗粒胡椒調味。

4 將完成的濃湯盛入湯盤中，撒上地瓜丁，以巴西里末裝飾即可享用。

乳酪風味茄子濃湯

Potage d'aubergine au fromage

融合了茄子的特殊風味和濃郁的乳酪香氣，
讓人食指大動。

材料（4 人份）

茄子	4 個	鮮奶油	70 毫升
洋蔥	1/2 個	鹽、胡椒	各少許
奶油	1 大匙	**裝飾**	
牛奶	530 毫升	茄子皮末	適量
現磨帕瑪森乳酪	30 克	低筋麵粉	適量

做法

1 茄子切掉蒂頭，直接放入油溫已達 170℃的油
鍋中炸一下，撈出瀝乾油分，等茄子放涼，剝掉
茄子皮。取適量最後裝飾用的茄子皮，撒上低筋
麵粉後放入油鍋中稍微炸一下。洋蔥切薄片。

2 鍋燒熱，放入奶油，加入洋蔥以小火炒軟、呈
透明狀。

3 接著加入茄子迅速炒一下，炒至茄子變軟，離
火。

4 在做法 3 中倒入牛奶、現磨帕瑪森乳酪，倒入
果汁機中，攪打成泥狀，然後倒回剛才煮的鍋中
稍微加熱。

5. 一邊倒入鮮奶油，一邊以鹽、胡椒調味。

6 將完成的濃湯盛入湯盤中，撒上適量炸好的茄
子皮裝飾即可享用。

牛蒡奶油濃湯

Potage de sarsify

牛蒡帶皮烹調，可以保留大量的食材原味。
不過由於纖維量也多，烹煮完成後必須過濾
再食用。

材料（4 人份）

牛蒡	約 3/4 根	牛奶	200 毫升
洋蔥	1/6 個	鮮奶油	25 毫升
馬鈴薯	1/6 個	鹽、胡椒	各適量
奶油	1 大匙	**裝飾**	
雞清高湯（參照 p.151）		炸西洋芹球根	適量
	90 毫升		

做法

1 牛蒡表面清洗乾淨，連皮切成 0.2 公分的薄片；
馬鈴薯削除外皮，切成 0.2 公分的薄片；洋蔥也
切成 0.2 公分的薄片。

2 鍋燒熱，放入奶油，加入洋蔥以小火炒軟、呈
透明狀。

3 接著加入馬鈴薯、雞清高湯，蓋上鍋蓋，煮約
20 分鐘，煮至食材變軟。

4 將做法 3 倒入果汁機中，攪打成泥狀，然後倒
回剛才煮的鍋中。

5 一邊倒入牛奶、鮮奶油，一邊以鹽、胡椒調味。

6 將做法 5 以粗孔的網篩過濾出濃湯，盛入湯盤
中，撒上適量炸好的西洋芹球根薄片裝飾即可享
用。

馬鈴薯維琪冷湯

只要準備果汁機就能輕鬆完成的超簡單湯品！
加入了酸味的優格，讓這道冷湯嘗起來更清爽。

Vichyssois

材料（4 人份）

大塊馬鈴薯	1 個
牛奶	320 毫升
原味優格	2 大匙
鮮奶油	50 毫升
鹽、胡椒	各少許
檸檬汁	適量

配菜 & 裝飾

橄欖油	適量
細香蔥末	適量

做法

1 馬鈴薯煮熟後剝掉外皮，切成容易放入果汁機攪打的大小。

2 將馬鈴薯、牛奶倒入果汁機中攪打，然後倒入容器中。

3 接著加入原味優格，倒入鮮奶油。

4 以打蛋器攪拌均勻，加入鹽、胡椒調味，再加入檸檬汁混合拌勻。

5 放入冰箱冷藏一下，然後盛入湯盤中，可以依個人喜好淋入適量的橄欖油，撒上細香蔥末即可享用。

Chef's advice

除了上面介紹的果汁機簡易做法之外，也有加入韭蔥或者炒蔬菜的烹調方法。不過單純用果汁機而捨棄油炒，可以減少油脂的吸收，是比較健康的飲食法。此外，馬鈴薯的品種或烹調狀態會影響冷湯的濃稠度，所以，最好以馬鈴薯來斟酌加入原味優格和鮮奶油的量。

南瓜鮮奶油濃湯
Potage crème de potiron

這道濃湯完全保留了南瓜濃郁的香氣與甘甜，添加了檸檬汁，品嘗後口中清爽的餘味久久無法散去。

材料（4 人份）

南瓜	1/2 個	檸檬汁	少許
牛奶	540 毫升	**裝飾**	
鮮奶油	60 毫升	杏仁片	適量
砂糖	適量		
鹽、胡椒	各少許		

做法

1 南瓜挖掉籽和瓜瓤，放入蒸鍋蒸熟，取出削除外皮後切一口大小。

2 將南瓜、牛奶倒入果汁機中攪打，試試味道，如果不夠甜，斟酌加入適量砂糖。

3 將南瓜牛奶倒入容器中，倒入鮮奶油，以打蛋器攪拌均勻，加入鹽、胡椒調味，然後加入檸檬汁混合拌勻。

4 放入冰箱冷藏一下，然後盛入湯盤中，可依個人喜好撒入杏仁片即可享用。

毛豆濃湯
Potage de edamame

雖然帶有濃厚的豆香，但清爽的滋味令人齒頰留香。

材料（4 人份）

去掉豆莢的水煮毛豆		鹽、胡椒	各少許
	600 克	檸檬汁	少許
雞清高湯（參照 p.151）		**裝飾**	
	160 毫升	橄欖油	適量
牛奶	540 毫升	巴西里末	適量
鮮奶油	120 毫升		

做法

1 水煮毛豆、牛奶和雞清高湯倒入果汁機中攪打。

2 將毛豆牛奶倒入容器中，倒入鮮奶油，以打蛋器攪拌均勻，加入鹽、胡椒調味，再加入檸檬汁混合拌勻。

3 將做法 2 以篩網過篩。

4 放入冰箱冷藏一下，然後盛入湯盤中，可以依個人喜好淋入適量的橄欖油，撒上巴西里末即可享用。

鮮綠蔬菜維琪冷湯

Vichyssois vert

翠綠的色澤吸引人的目光。
以菠菜製作，是一道健康滿點的好滋味濃湯。

材料（4 人份）

水煮菠菜	100 克	檸檬汁	少許
牛奶	320 毫升	裝飾	
原味優格	2 大匙	橄欖油	適量
鮮奶油	50 毫升		
鹽、胡椒	各少許		

做法

1 水煮菠菜切大片，然後和牛奶一起倒入果汁機中攪打，再倒入容器中。

2 接著加入原味優格、鮮奶油。

3 以打蛋器攪拌均勻，加入鹽、胡椒調味，再加入檸檬汁混合拌勻。

4 放入冰箱冷藏一下，然後盛入湯盤中，可以依個人喜好淋入適量的橄欖油即可享用。

蕃茄冷湯

Gaspacho

微酸的風味，是來自西班牙的經典魅力湯品。
盡量選擇全熟的蕃茄製作，美味加分。

材料（4 人份）

去皮去籽的全熟蕃茄		大蒜	1/2 瓣
（參照 p.15 的準備工作）		蕃茄汁	120 毫升
	200 克	紅酒醋	1/2 大匙
洋蔥	20 克	鹽、胡椒	各少許
去皮去籽的小黃瓜		橄欖油	適量
	20 克	裝飾	
撕除粗纖維的西洋芹		羅勒醬（參照 p.161）	
	15 克		適量
去籽的紅甜椒	20 克		

做法

1 蕃茄、洋蔥、小黃瓜、西洋芹、紅甜椒和大蒜全都切成約 0.7 ～ 0.8 公分的小丁。

2 將做法 1、蕃茄汁和紅酒醋倒入果汁機中攪打。

3 接著以篩網過篩至容器中，加入鹽、胡椒調味，可以依個人喜好淋入適量的橄欖油。

4 放入冰箱冷藏一下，然後盛入湯盤中，加入適量羅勒醬即可享用。

奶油蝦湯

「bisque」是指以甲殼類食材烹調的湯。
接下來要介紹的，是一道飽含蝦子濃郁風味的蕃茄鮮美湯品。

Crème de bisque

材料（4 人份）

蝦仁·························· 120 克
洋蔥·························· 1/4 個
胡蘿蔔······················ 1/3 根
西洋芹······················ 1/4 根
香菇··························· 2 朵
蘑菇··························· 2 朵
奶油·························· 1 大匙
低筋麵粉···················· 10 克
白酒·························· 1 大匙
蕃茄泥····················· 60 毫升
雞清高湯（參照 p.151）
···························· 180 毫升
牛奶······················· 180 毫升
鮮奶油····················· 50 毫升
鹽、胡椒···················· 各少許

配菜 & 裝飾
山蘿蔔······················· 適量

做法

1 蝦仁切成 1 公分小丁；蔬菜類、菇類全都切成 0.5 公分的小丁。

2 鍋燒熱，放入奶油，加入洋蔥、胡蘿蔔和西洋芹，以小火炒軟、呈透明狀。

3 接著加入蝦仁、菇類，迅速炒一下後篩入低筋麵粉，混合拌勻。

4 倒入白酒、蕃茄泥和雞清高湯加熱，煮沸騰後撈除浮沫。

5 蓋上鍋蓋，以小火煮至蔬菜變軟，大約需要 20 分鐘，離火。

6 倒入牛奶、鮮奶油稍微拌一下，再以鹽、胡椒調味。

7 將完成的湯盛入湯盤中，加入適量的山蘿蔔即可享用。

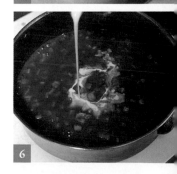

Chef's advice

烹調過程中要不時撈除浮沫，完成的湯品才會鮮美。另外，如果是用果汁機把食材攪打成泥狀的方式製作，則和上面用煮的方式，成品的口感會不同。

焗烤茼蒿洋蔥湯

以慢炒至褐色、釋放出完美甘甜的洋蔥為主食材，完成了令人驚豔的濃郁滋味。
加入些許茼蒿，更添畫龍點睛的美味。

Soupe à l'oignon

材料（2 人份）

洋蔥	2 個
茼蒿葉	2 根份量
法國麵包片	4 片
綜合乳酪條	適量
雞清高湯（參照 p.151）	300 毫升
沙拉油	適量
鹽、胡椒	各少許

配菜 & 裝飾

巴西里末	適量

做法

1 洋蔥切成薄片。鍋燒熱，倒入沙拉油，放入洋蔥，以中～小火慢慢炒洋蔥，炒至洋蔥變成褐色、變軟。

2 接著倒入雞清高湯，煮約 15 分鐘，以鹽、胡椒調味。

3 將做法 2 倒入耐熱容器中，放入切成易入口大小的茼蒿葉。

4 將已經烤至上色的法國麵包片排在做法 3 上，撒入些許綜合乳酪條，放入預熱至 180℃ 的烤箱中烘烤約 12 分鐘。

5 取出烤盤，撒入些許巴西里末即可享用。

Chef's advice

洋蔥的甘甜是這道湯品成功的關鍵，因此，炒洋蔥這個步驟格外重要。以小火慢慢炒，避免洋蔥炒焦而釋出苦味。此外，除了茼蒿葉，其他像菇類等食材也很合適。

雞蛋檸檬湯
Soupe à la grecque

品嘗檸檬清爽香氣的同時，雞肉、蛋、馬鈴薯和白飯，更讓人吃得飽足。
在歐洲，感冒的時候，食用這一道滋補湯品的話，更能增加營養。

材料（2 人份）

雞腿肉	100 克	雞清高湯（參照 p.151）	
小的馬鈴薯	4 個		300 毫升
西洋芹	2 公分長	水	100 毫升
雞蛋	2 顆	鹽、胡椒	各少許
白飯	40 克	特級冷壓橄欖油	少許
檸檬汁	1 個份量		

Chef's advice

如果在這道湯中加入大蒜，不僅讓
湯更美味，而且喝了身體更強壯。

做法

1 雞腿肉切成一口大小；馬鈴薯削除外皮後也切成一口大小；西洋芹切 0.5 公分寬。

2 將雞清高湯、水倒入鍋中，加入雞腿肉、馬鈴薯和西洋芹，撒入鹽、胡椒，以大火加熱。

3 煮至沸騰後轉小火，當馬鈴薯煮軟，立刻加入白飯稍微拌一下，離火，倒入檸檬汁。

4 將完成的湯盛入湯盤中，分別打入一顆顆雞蛋，再撒入些許橄欖油即可享用。

日式綜合蔬菜湯
Minestrone de légumes

融合多種蔬菜的鮮甜和養分！
只要利用家中已經有的材料，迅速就能上桌，實在太吸引人了。

材料（4 人份）

洋蔥	1/4 個	培根	2 片
日本大蔥	1/4 根	雞清高湯（參照 p.151）	
地瓜	1/5 根		600 毫升
胡蘿蔔	1/5 根	鹽、胡椒	各少許
白蘿蔔	3 公分長	沙拉油	適量
金針菇	1/2 盒		
高麗菜	2 片		

Chef's advice

任何蔬菜都可以製作這道湯品，所以盡可能將家中的零碎蔬菜都拿來用吧！加入愈多種類的蔬菜，就能獲得愈多食材好味道。另外，也可以使用果汁機製作。

做法

1 將所有蔬菜、培根都切成 0.7 ～ 0.8 公分的小丁。

2 鍋燒熱，倒入沙拉油，放入培根，以小火炒 2 ～ 3 分鐘，然後加入所有蔬菜稍微拌炒一下。

3 炒至蔬菜變軟，倒入雞清高湯，以大火煮沸騰，然後轉小火，以鹽、胡椒調味即可盛入湯盤中享用。

黑豆香腸湯
Soupe haricot noir et saucisson

湯中滿滿的香腸和黑豆更有咀嚼感。
以小火慢煮而成的好湯，食用時連身體都溫暖起來。

材料（4 人份）

黑豆	100 克	水	適量
香腸	8 根	橄欖油	適量
洋蔥	1/2 個	鹽、胡椒	各少許
大蒜	1 瓣	裝飾	
蕃茄	1 個	平葉巴西里末	適量
蕃茄糊	1 小匙		
雞清高湯（參照 p.151）	600 毫升		

（參照 p.151）

準備工作

黑豆先以冷水泡一個晚上，撈出瀝乾水
分。

做法

1 香腸切成 1 公分厚的圓片；洋蔥、大
蒜切細末；蕃茄切粗塊。

2 鍋燒熱，倒入橄欖油，加入洋蔥以小
火炒軟、呈透明狀，然後倒入雞清高湯，
加入黑豆、大蒜、香腸和蕃茄糊。

3 接著加入蕃茄，撒入鹽、胡椒，燉煮
至黑豆變軟。在燉煮過程中，如果鍋內
的水快煮乾，需數次倒入水繼續煮。

4 再次以鹽、胡椒調味，撒入巴西末即
可享用。

鮭魚馬鈴薯雞湯
Soupe saumon et pomme de terre

利用秋日的食材：鮭魚和馬鈴薯來烹調季節美食吧！
加入雞清高湯當作湯底，更提升美味度。

材料（4 人份）

生鮭魚片	2 片	鹽、胡椒	各少許
小的馬鈴薯	4～5 個	山芹菜	1/2 束
雞清高湯（參照 p.151）	600 毫升	粗粒黑胡椒	少許

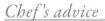

Chef's advice

這裡使用的馬鈴薯，是一種粉質、口感類似地瓜的鮮黃色果肉品種。如同栗子般的甜味，可耐久煮不易碎爛。當然，如果你想使用其他品種的馬鈴薯也 OK！

做法

1 將生鮭魚放在烤魚盤上面烤好，分開魚皮和魚骨，然後弄碎。

2 馬鈴薯削除外皮後蒸熟，如果是大的馬鈴薯，可切成一口大小。

3 將雞清高湯倒入鍋中，以大火加熱，煮至沸騰後轉小火，加入鮭魚，以鹽、胡椒調味，然後加入馬鈴薯。

4 將完成的湯品盛入湯盤中，放上切粗碎的山芹菜，撒入粗粒黑胡椒即可享用。

紅葡萄酒 Vin Rouge

以下介紹各國獨特的紅葡萄酒,以及適合搭配的菜色,讀者們可以試試。

Gevrey Chambertin 2004
（Domaine Geantet-pansiot）

勃艮地葡萄酒的魅力之一,是每個生產商都具有獨特的性格,像近幾年走紅的強堤‧帕西雍酒廠（Geantet-pansiot）推出的 Gevrey Chambertin,水果氣味與單寧的均衡絕妙,適合趁早飲用。

■可搭配紅酒燉煮牛五花（參照p.100）等勃艮地的地方料理。

Corbieres Tradition Rouge 2004
（Domaine Roque Sestieres）

這款葡萄酒的材料來自三種土壤不同的田園,特徵是有複雜的香氣與味道。單寧風味柔和,成本效益高。

■隆格多克地區出產的葡萄酒,和當地的地方料理卡蘇萊（參照p.110）極為搭配,此外也適合搭配豬肉泥（參照p.18）或燉煮八角風味豬五花（參照p.103）。

Au Bon Climat Santa Maria Valley Pinot Noir 2004

這是由加州聖塔芭芭拉的「加州怪人」Jim Clendenen 所釀造的好酒。帶有如同蔓越莓果醬的水果氣味,以及調和良好的單寧酸味。

■酒質柔和有水果風味的葡萄酒,適合搭配雞肉、豬肉、牛肉與秋日栗子凍（參照p.17）等味道溫和的肉類料理。

La Dame de Malescot 1999

是獲得 Margaux 三級酒莊評價 Malescot St. Exupéry 的第二款品牌。1999 年的產品丹寧風味沉穩,讓人飲用後能感受到熟成的滋味。

■充滿成熟感果實的風味,適合搭配小羊肉飲用,例如煎蒜香奶油帶骨小羊排（參照p.92）等。

Tignanello 2001
（Antinori）

這是名列義大利托斯卡尼省的「超級托斯卡尼」（Super Tuscan) 草創期的產品。超級托斯卡尼,是一種期望掙脫當時葡萄酒分級制度的束縛,純粹追求美味的葡萄酒。酒中凝縮了水果氣息,有強烈的酒體,但單寧柔和均衡。

■強烈的酒體適合搭配烤派皮包牛菲力（參照p.98）等肉類料理。

Robert Mondavi Napa Valley Cabernet Sauvignon

在氣候溫暖的加州納帕郡栽植的赤霞珠葡萄,可以釀造充滿水果氣味的芳醇紅酒。這款酒的澀味不會太強烈,在酒齡較年輕時依舊適合享用。

■水果味與酸味的均衡絕佳,適當的澀味能淡化肉的油脂味。適合搭配牛里脊排佐帶籽芥末醬（參照p.90）等。

白葡萄酒與香檳 Vin Blanc & Champagne

以下介紹用各種製法生產的獨特酒品！

Chablis Premier Cru Montee de Tonnerre 2000 (Domaine Jean Collet)

據說生產這款酒的葡萄園是石灰質土，甚至還挖得到菊石貝化石。釀出來的酒飽含礦物質，酒體扎實。是一款酸味與酒體均衡絕妙的夏布利酒（Chablis）。

■礦物質帶來的強烈芳醇口感，適合搭配魚類、雞肉和豬肝等料理，例如法式春雞捲（參照 p.108）。

Riesling Rosenberg de Wettolsheim 2004（Domaine Barme's Buecher）

生產這款自然派葡萄酒用的葡萄，是採用自然動力法（biodynamic，根據日月星辰運轉栽種葡萄）的有機栽培。不但不用農藥，栽培方式和採收時期還要看月亮圓缺決定。酒中充滿了豐富的礦物質，以及濃濃的水果芳香。

■亞爾薩斯出產的葡萄酒，和相鄰的洛林地區的地方料理洛林鹹派（參照 p.26）等乳酪料理十分契合。

Pommery Brut Royal

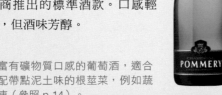

波麗露香檳，是香檳的代表性廠商推出的標準酒款。口感輕快，但酒味芳醇。

■富有礦物質口感的葡萄酒，適合搭配帶點泥土味的根莖菜，例如蔬菜凍（參照 p.14）。

Reuilly le Croz 2004（Claude Lafond）

是在法國羅亞爾地區的小產地，以當地培育的白蘇維翁葡萄釀造的白酒。帶有柑橘類的芳香與柔和的酸味，口感舒暢。

■清爽舒暢，讓人聯想起柑橘類的口感，適合搭配煙燻鮭魚慕斯（參照 p.28）等海鮮類菜餚。

Calera Chardonnay Central Coast 2004

在加州冷乾地區生產的夏多內（Chardonnay），有著爽口的酸味和新鮮的水果芳香，是一款優雅的葡萄酒。

■油炸類料理帶點烤麵包風味的口感，正好搭配木桶熟成的葡萄酒香氣。尤其是炸豬肉鳳梨（參照 p.107），鳳梨的口味可以調和酒中的水果香氣。

Charlier Prestige Rose Brut

這款玫瑰香檳的製法，並非常見的紅白酒混合調製，而是和紅酒一樣，採用黑葡萄的果皮和汁一起浸漬，等到著色後再取出果皮，即出血（saigne）釀造法。酒色會比較鮮豔且濃，有清晰的水果香氣。

■適合搭配火腿乳酪舒芙蕾（參照 p.20）、糖煮水蜜桃（參照 p.136）、法式杏仁牛奶凍（參照 p.142）等甜點。

烤雞魚佐芥末醬

嘗試在外皮煎得酥脆、肉質軟嫩的雞魚上，淋入些許辣味芥末醬。
搭配濃滑的乳酪義大利燉飯，更能變化口味。

Poêlé de pristpome, sauce au moutarde

材料（2 人份）

雞魚片……2 片（約 240 克）
鹽、胡椒…………………各少許
沙拉油………………………適量

醬汁

白酒…………………… 40 毫升
褐色雞高湯（參照 p.152）
…………………… 3 大匙
鮮奶油………………… 1 大匙
鹽、胡椒……………… 各少許
法式芥末醬…………… 1 大匙
帶籽芥末醬…………… 1 大匙

配菜 & 裝飾

義大利燉飯（參照 p.124）
……………………… 2 人份
炸明日葉………………… 適量
細香蔥…………………… 適量

做法

1 在雞魚上撒些鹽、胡椒。

2 平底鍋燒熱，倒入沙拉油，等油熱了將雞魚皮那一面朝鍋底，以中火煎。

3 等雞魚皮那一面煎至酥脆後翻面，轉小火將魚肉煎熟。

4 取一個湯鍋，倒入白酒煮至稍微濃稠，然後加入褐色雞高湯、鮮奶油煮至沸騰。

5 接著以鹽、胡椒調味，離火，加入 2 種芥末醬拌勻成醬汁。

6 將醬汁、義大利燉飯舀入盤中，擺上雞魚，依個人喜好以炸明日葉、細香蔥裝飾即可享用。

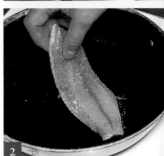

Chef's advice

雞魚不管外皮還是肉都很柔軟，建議可以先稍微煮熟，然後入鍋煎的時候，外皮煎至酥脆，而肉只要稍微上色即可，肉不要煎太久。

烤鯛魚佐橄欖醬

「tapenade」是用大量普羅旺斯地方產的黑橄欖製成的醬料。
以黑橄欖獨特的滋味搭配清爽的鯛魚,風味無與倫比。

Poêlé de daurade à la tapenade

材料（2 人份）

鯛魚片……2 片（約 240 克）
去籽黑橄欖……………………20 個
鹽漬鯷魚………………………2 條
橄欖油 …………………… 1 大匙
鹽、胡椒……………… 各少許
沙拉油 …………………… 適量

配菜＆裝飾

鹽水煮四季豆………………適量
平葉巴西里………………適量

做法

1 將去籽黑橄欖、鹽漬鯷魚切細碎，放入容器中，倒入橄欖油，以鹽、胡椒調味。

2 在鯛魚上撒些鹽、胡椒。

3 平底鍋燒熱，倒入沙拉油，等油熱了將鯛魚皮那一面朝鍋底，以中火煎。

4 等鯛魚皮那一面煎至酥脆後翻面，轉小火將魚肉煎熟。

5 將鯛魚肉移至耐熱容器中，在鯛魚皮那一面上塗抹做法 1，放入預熱至 200℃的烤箱中烘烤約 5 分鐘。

6 取一個平盤，擺好四季豆，盛入烤好的做法 5，撒入些許巴西里末即可享用。

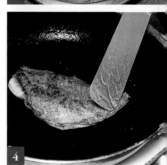

Chef's advice

因為鯛魚的皮比較硬，所以剛入鍋煎的時候，可用鍋鏟稍微壓一下魚皮，讓魚皮可以烤得比較完整，然後再翻面以小火煎。

普羅旺斯風舌比目魚
Sole meunière à la provençal

抹上麵粉後用奶油下鍋油煎至金黃色的「meunière」料理，是法國代表性的料理之一。
煎至酥脆的舌比目魚搭配酸味蕃茄醬汁，非常清爽的吃法。

材料（2 人份）

舌比目魚	1 尾	去籽綠橄欖	10 個
鹽、胡椒	各少許	平葉巴西里末	少許
低筋麵粉	適量	橄欖油	2 大匙
奶油	20 克	配菜＆裝飾	
醬汁		高麗菜	3～4 片
蕃茄	1/2 個	細香蔥	適量
洋蔥	10 克		

Chef's advice

這裡用奶油煎舌比目魚不僅會釋
放出香氣，而且可以使魚肉擁有外
酥脆、內軟嫩的口感。

做法

1 參照 p.166 剝掉舌比目魚表面的皮，然
後用廚房用剪刀剪掉魚鰭附近的肉、尾
巴，切掉魚頭和內臟，然後切對半。

2 洋蔥切細末；蕃茄挖掉籽後切粗塊；
高麗菜切大片後蒸熟。

3 用廚房用紙巾擦乾舌比目魚，撒些許
鹽、胡椒和低筋麵粉，然後抖掉多餘的
麵粉。

4 平底鍋燒熱，放入奶油，等鍋面稍微
起油泡後，放入舌比目魚（排盤正面的
那一面先朝下、朝鍋面放）以中火煎。

5 煎至魚肉酥脆，翻面以小火煎至酥脆
且魚肉熟，取出。

6 迅速用廚房用紙巾擦平底鍋面，然後
鍋再燒熱，倒入些許橄欖油，依序放入
洋蔥、蕃茄、去籽綠橄欖和平葉巴西里
末拌炒，完成醬汁。

7 將蒸熟的高麗菜鋪在平盤上，排上舌
比目魚，淋入醬汁，最後以細香蔥裝飾
即可享用。

鮭魚佐酸豆醬

Saumon meunière, sauce noisette à la câpre

魚的表面煎得香酥可口，和豐厚的油脂一起盛入盤中。
濃厚奶油風味的煎鮭魚搭配酸豆醬，再合適不過了。

材料（2 人份）

生鮭魚……2 片（約 240 克）	平葉巴西里碎……………適量
鹽、胡椒……………各少許	鹽、胡椒……………各少許
低筋麵粉……………適量	**配菜 & 裝飾**
奶油……………30 克	炸花椰菜（參照 p.124）
醬汁	……………2 人份
奶油……………15 克	煮熟的紅秋葵……………2 根
酸豆……………1 大匙	平葉巴西里……………適量
檸檬汁……………1/2 個份量	

做法

1 剝掉鮭魚表面的皮，用廚房用紙巾擦
乾，撒些許鹽、胡椒和低筋麵粉，然後
抖掉多餘的麵粉。

2 平底鍋燒熱，放入 30 克奶油，等鍋面
稍微起油泡後，放入鮭魚（排盤正面的
那一面先朝下、朝鍋面放）以中火煎。

3 煎至魚肉酥脆，翻面以小火煎至酥脆
且魚肉熟，取出。

4 迅速用廚房用紙巾擦平底鍋面，然後
鍋再燒熱，放入 15 克奶油，加入酸豆和
檸檬汁，以鹽、胡椒調味，加入平葉巴
西里碎稍微拌勻，完成醬汁。

5 將鮭魚盛入盤中，旁邊放上炸花椰菜、
紅秋葵，淋入醬汁，最後以平葉巴西里
裝飾即可享用。

香草風味鱸魚排
Picata de bar aux herbes

蛋糊裹覆的鱸魚竟然如此柔軟，
加入了帕瑪森乳酪，風味更令人讚不絕口。

材料（2 人份）

鱸魚片……2 片（約 250 克）
鹽、胡椒……………………各少許
低筋麵粉……………………適量
奶油……………………………10 克

蛋糊
雞蛋………………………………1 顆
牛奶……………35 ～ 50 毫升
現磨帕瑪森乳酪……25 克
巴西里或其他香草末‥1 大匙

蕃茄醬汁（參照 p.160）
……………………………………40 克

配菜＆裝飾
布魯塞爾風芽甘藍
（參照 p.125）……………2 人份
芝麻葉……………………………適量
炸茄子皮………………………適量
檸檬香茅………………………適量

（參照 p.160）
（參照 p.125）

Chef's advice

為了避免蛋糊沾黏鍋子，建議平底
鍋熱後要加入足夠的油，或者使用
鐵氟龍的鍋子為佳。

做法

1 在鱸魚片上依序撒些許鹽、胡椒和低
筋麵粉，然後抖掉多餘的麵粉。

2 雞蛋在容器中打散，加入牛奶、現磨
帕瑪森乳酪和巴西里末（或者其他香草
末），攪拌均勻，完成蛋糊。

3 平底鍋燒熱，放入奶油，慢慢放入沾
裹好蛋糊的鱸魚片，以中火煎一下。

4 等鱸魚片表面變硬，翻面以小火煎至
魚肉熟，取出。

5 將蕃茄醬汁鋪在盤中，放上鱸魚片和
布魯塞爾風芽甘藍，搭配檸檬香茅、芝
麻葉和炸茄子皮即可享用。

咖哩風味炸沙丁魚
Pane de sardine au curry

外層酥脆、內層肉質柔軟，強烈的對比卻更凸顯美味。
即便是再平凡常見的青背魚，也能成為餐桌上的高級料理。

材料（2 人份）

沙丁魚	2 尾	巴西里末	1 小匙
鹽、胡椒	各少許	沙拉油	適量
蛋糊		香草油醋醬（參照 p.155）	適量
低筋麵粉	適量	**配菜 & 裝飾**	
雞蛋	1 顆	普羅旺斯燉菜（參照 p.124）	
麵包粉	40 克		2 人份
咖哩粉	10 克	炸羅勒葉	適量

Chef's advice

想要讓外層炸得酥脆而內層魚肉
柔軟的話，一開始得避免用高溫
油煎，等外層的麵糊變硬要改成
小火。青背魚搭配咖哩風味極佳，
是法國料理中常見的組合。

做法

1 將咖哩粉和巴西里末倒入麵包粉中混
合，稍微拌成咖哩風味麵包粉。

2 將每一尾沙丁魚都切成 3 片（分成上
片、魚骨、下片，去除魚皮，只取 2 片
魚肉使用）。在魚肉上撒鹽、胡椒，再
依序將魚片沾裹低筋麵粉、蛋液、咖哩
風味麵包粉。

3 平底鍋燒熱，倒入大量的沙拉油，等
油熱了放入沙丁魚煎一下，等外層的麵
糊變硬立刻改小火，兩面都煎至酥脆且
呈金黃色。

4 取出沙丁魚，瀝乾油分後排在平盤上，
加入普羅旺斯燉菜，淋上香草油醋醬，
最後依個人喜好加入炸羅勒葉裝飾即可
享用。

焗烤蝦蔬菜
Gratin classique

這道用白醬製作的經典焗烤料理，加入的白醬是美味的關鍵。
所以，建議你使用自製的白醬來烹調。

材料（4 人份）

草蝦（黑虎蝦）等⋯⋯ 200 克	白醬（參照 p.158）⋯⋯ 180 毫升
迷你大頭菜⋯⋯⋯⋯⋯ 8 顆	現磨帕瑪森乳酪⋯⋯⋯ 30 克
綠花椰菜⋯⋯⋯⋯⋯⋯ 8 小朵	塗抹容器用的奶油⋯⋯ 適量
小蕃茄⋯⋯⋯⋯⋯⋯⋯ 8 個	

做法

1 草蝦挑除背後的筋之後剝除蝦殼，放入滾水中煮熟。

2 迷你大頭菜削除外皮後切成月牙形，綠花椰菜再分成更小朵，全都放入滾水中煮熟。

3 在耐熱容器中塗抹些許奶油，將草蝦、迷你大頭菜和綠花椰菜隨意排放在容器中。

4 接著淋入白醬，撒上現磨帕瑪森乳酪，然後放入已經預熱達 200℃的烤箱烘烤約 10 分鐘至上色，取出小心食用。

焗烤鱈魚香菇
Gartiné de cabillaud et champignon

以鮮奶油搭配乳酪，這道簡單的焗烤料理口味十分清爽。
加入了鱈魚、馬鈴薯，讓口感更多變、豐富。

材料（2 人份）

新鮮鱈魚片2片（約200克）	沙拉油⋯⋯⋯⋯⋯⋯⋯⋯適量
鹽、胡椒⋯⋯⋯⋯⋯⋯各少許	鮮奶油⋯⋯⋯⋯⋯⋯100毫升
馬鈴薯⋯⋯⋯⋯⋯⋯⋯⋯1個	現磨帕瑪森乳酪⋯⋯⋯⋯25克
鴻禧菇⋯⋯⋯⋯⋯⋯⋯⋯1包	塗抹容器用的奶油⋯⋯⋯適量
舞菇⋯⋯⋯⋯⋯⋯⋯⋯⋯1包	**裝飾**
金針菇⋯⋯⋯⋯⋯⋯⋯⋯1包	平葉巴西里⋯⋯⋯⋯⋯⋯適量
迷你綠蘆筍⋯⋯⋯⋯⋯⋯8根	

> ### Chef's advice
>
> 使用了鮮奶油和帕瑪森乳酪，輕鬆完成這道焗烤料理。將食材切成大片一點入菜，不僅可以增加咀嚼，更能創造新食感。

做法

1 將鹽、胡椒均勻地撒在鱈魚片上。

2 平底鍋燒熱，倒入沙拉油，等油熱了放入鱈魚片，煎至兩面魚肉都上色。

3 馬鈴薯削除外皮後切成適當的大小，立刻放入滾水中煮一下。迷你綠蘆筍也放入滾水中煮一下。菇類切除蒂頭後剝成一小朵一小朵。平底鍋燒熱，倒入沙拉油，等油熱了放入所有菇類煎一下。

4 在耐熱容器中塗抹些許奶油，將做法2、3排放在容器中，倒入鮮奶油和現磨帕瑪森乳酪，然後放入已經預熱達180℃的烤箱，烘烤10～12分鐘至上色。

5 取出耐熱容器，撒上平葉巴西里裝飾，即可趁熱享用。

蒸比目魚佐白酒醬汁

「vapeur」在法文中是蒸的意思。
經過蒸煮，肉質變得軟綿柔軟，搭配濃郁的奶油醬汁再適合不過。

Turbot à la vapeur, sauce vin blanc

材料（2 人份）

比目魚片…2 片（約 250 克）
鹽、胡椒……………………各少許
醬汁
紅蔥末…………………… 10 克
白酒……………………… 3 大匙
鮮奶油…………………… 40 毫升
鹽、胡椒……………………各少許
奶油……………………… 10 克
配菜＆裝飾
雞高湯煮小扁豆
（參照 p.124）…………… 2 人份
去皮煮熟的迷你胡蘿蔔··適量
櫛瓜條…………………… 適量
香草（蒔蘿、平葉巴西里等）
………………………… 適量

做法

1 將鹽、胡椒均勻地撒在比目魚片上。

2 將比目魚片排在耐熱容器中，放入蒸鍋，以大火蒸 6 ～ 7 分鐘。

3 取一個小湯鍋，倒入白酒和紅蔥末，以中火煮至水分快收乾。

4 接著加入鮮奶油，煮至微滾，維持表面出現小泡泡，然後加入鹽、胡椒調味，再加入奶油混合拌勻。

5 將做法 4、雞高湯煮小扁豆和比目魚片盛入盤中，再依個人喜好添加香草、迷你胡蘿蔔或櫛瓜條即可享用。

Chef's advice

由於味道比較重的魚在蒸煮過程中會散發出味道，建議選用氣味清淡的魚來做這道菜。除了比目魚之外，像鯛魚、金線魚等都很適合。另外，可以用洋蔥取代紅蔥製作。

鮮煮龍蝦佐荷蘭醬

以蛋黃和澄清奶油為基底做成的荷蘭醬，是法國料理的經典醬汁之一。
是可隨意搭配肉類、海鮮、蛋類和蔬菜的萬用醬汁！

Chef's advice

蝦子冷了之後會變硬，所以建議先製作醬汁再開始煮蝦
子。此外，除了龍蝦之外，其他種類的蝦子也可以做這
道菜。

Poché d'homard, sauce hollandaise

材料（2人份）

龍蝦……………………2 尾
鹽………………………適量

醬汁

蛋黃……………… 1 顆份量
水……………………… 1 大匙
奶油…………………… 240 克
鹽、胡椒………………各少許
檸檬汁…………………適量

配菜＆裝飾

水煮白蘆筍………………2 根
炸辣椒……………………2 根
蒔蘿……………………適量

做法

1 將蛋黃、水倒入盆子裡，盆底隔著70℃的熱水（不接觸到水面），以打蛋器攪打成濃稠狀的蛋黃糊。

2 移開底部的熱水盆，將溫熱的澄清奶油（做法見下方）以畫線條的方式慢慢少量地倒入，以打蛋器持續充分攪拌，要確定每次加入的澄清奶油須完全乳化，和蛋黃融合，直到加完全部澄清奶油。

3 接著加入鹽、胡椒和檸檬汁調味。

4 準備一盆加了大量鹽的滾水，放入龍蝦煮滾。

5 大約煮 7 分鐘後取出龍蝦，先切掉螯足的部分，然後將其他部分再放回鍋中煮約 2 分鐘。

6 參照 p.167 剝開龍蝦殼，和水煮白蘆筍、炸辣椒一起排入盤中，淋上荷蘭醬，搭配蒔蘿即可享用。

澄清奶油的做法

1 將奶油放入盆子裡，盆底隔著熱水（不接觸到水面）使奶油融化，靜置一段時間奶油會開始沉澱，舀取上層如水般澄清的部分。

2 以廚房用紙巾過濾，得到的就是澄清奶油。

燉煮石狗公

這道燉煮魚是義大利最有名的水煮魚料理，
清淡的調味，更能釋放出魚和海鮮類的天然鮮美味。

Ragoût de rascasse à l'eau

材料（2 人份）

石狗公……1 尾（約 500 克）
鹽、胡椒……………………各少許
低筋麵粉………………………適量
橄欖油…………………………適量
海瓜子…………………………8 個
文蛤……………………………4 個
酸豆……………………………20 顆
去籽黑橄欖……………………8 個
水………………………800 毫升
白酒……………………100 毫升
橄欖油……………………40 毫升
黃、紅迷你蕃茄………各 2 個
巴西里末……………………少許

做法

1 文蛤和海瓜子放入鹽水中吐沙，取出瀝乾水分。參照 p.166 刮除石狗公的魚鱗，清除腮和內臟，以清水仔細洗淨，然後用廚房用紙巾擦乾水分。

2 在石狗公上先撒入些許鹽、胡椒，再輕輕地撒上麵粉。平底鍋燒熱，加入些許橄欖油，等油熱了放入石狗公，煎至魚肉兩面都呈金黃色，取出。

3 將煎好的石狗公、海瓜子、文蛤、酸豆、去籽黑橄欖、水和白酒加入乾淨的鍋中，以大火煮。

4 等沸騰之後撈除湯汁表面浮末和渣，改成小火煮，海瓜子、文蛤的殼打開後立刻先取出。

5 蓋上鍋蓋燉煮約 20 分鐘，然後取出石狗公。

6 將 40 毫升的橄欖油倒入剛才煮食材（海鮮）的湯汁中，以鹽、胡椒調味，加入迷你蕃茄、海瓜子、文蛤。

7 將石狗公盛入容器中，淋入做法 6 的料和醬汁，撒上巴西里末即可享用。

Chef's advice

為了維持石狗公烹煮後的外形完整、避免魚肉破爛，注意不可烹調太久。此外，由於加入的海鮮食材鹹度與口味不同，烹煮時必須嘗一下味道，再斟酌調味或調整濃稠度。

馬賽魚湯

世界三大名湯之一，使用了種類豐富，來自大海恩惠的海鮮食材烹調而成。
沾著蒜香美乃滋（aïoli）的麵包，更是不可少的經典搭配。

Bouillabaisse

材料（4 人份）

白肉魚（金線魚、角仔魚等）
⋯⋯⋯⋯3 片（約 300 克）

淡菜⋯⋯⋯⋯⋯⋯⋯⋯8 個

文蛤⋯⋯⋯⋯⋯⋯⋯⋯8 個

整尾蝦子（連頭）⋯⋯⋯4 尾

洋蔥⋯⋯⋯⋯⋯⋯⋯1/2 個

蕃茄⋯⋯⋯⋯⋯⋯⋯⋯1 個

白酒⋯⋯⋯⋯⋯⋯ 200 毫升

白色魚高湯（參照 p.153）
⋯⋯⋯⋯⋯⋯⋯⋯ 300 毫升

番紅花⋯⋯⋯⋯⋯⋯⋯1 撮

橄欖油⋯⋯⋯⋯⋯⋯⋯適量

鹽、胡椒⋯⋯⋯⋯⋯各少許

巴西里末⋯⋯⋯⋯⋯⋯少許

配菜

法國麵包⋯⋯⋯⋯⋯⋯適量

蒜香美乃滋※

美奶滋⋯⋯⋯⋯⋯⋯ 30 克

大蒜末⋯⋯⋯⋯⋯⋯1/2 小匙

※蒜香美乃滋的做法，是將 30 克
美乃滋和 1/2 小匙大蒜末混合拌
勻。

做法

1 文蛤放入鹽水中吐沙，取出瀝乾水分。白肉魚切成一口大小。

2 洋蔥切成細末；蕃茄切成兩半。

3 淡菜和文蛤仔細清洗乾淨，放入鍋中，倒入白酒，蓋上鍋蓋，蒸煮至淡菜和文蛤的殼打開後立刻先取出。

4 將煮淡菜和文蛤的湯汁、魚高湯、洋蔥、蕃茄和番紅花倒入另一個湯鍋中，以大火煮，等蕃茄煮軟後用打蛋器充分弄碎。

5 等沸騰之後撈除湯汁表面浮末和渣，加入蝦子和白肉魚，以小火煮。烹煮過程中，只要湯汁表面出現浮末和渣，要立刻撈除。

6 將煮熟的食材取出。

7 將湯鍋中剩餘的湯汁煮至剩一半的量（濃縮），加入橄欖油，然後以鹽、胡椒調味。

8 將剛才取出的做法 3、6 的食材放回湯鍋中，連湯和料一起盛入盤中，搭配沾著蒜香美乃滋的法國麵包一起享用。

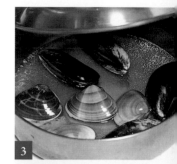

Chef's advice

貝類在殼打開那一瞬間達到美味的頂點，所以殼一開就要先取出，不可和其他食材一起繼續燉煮。另外多加入幾種白肉魚，像石狗公，味道更鮮美。

扇貝高麗菜捲

用高麗菜捲包好扇貝，更容易烹調。
扇貝的鮮美和高麗菜的甘甜融合為一，令人難以忘懷！

Roulé de st-jacques au chou

材料（2 人份）

高麗菜葉	4 片
鹽	適量
扇貝貝柱	4 個
培根	60 克
蘑菇	8 個
奶油	適量
白酒	2 大匙
鹽、胡椒	各少許
罐裝整粒蕃茄	250 克
橄欖油	50 毫升

配菜 & 裝飾

小洋蔥	2 個
櫛瓜	2 片
甜豌豆	2 根
油菜花	2 枝
沙拉油	適量
巴西里末	少許
細香蔥	適量

做法

1 準備一鍋沸騰的鹽水，放入高麗菜葉快速煮一下，撈出放入冷水泡一下。

2 扇貝貝柱、蘑菇每個切成 4 等分；培根切成細碎。

3 平底鍋燒熱，先放入奶油，再加入培根、蘑菇快速炒一下，然後加入扇貝貝柱輕輕地拌炒，以白酒、鹽和胡椒調味，再用廚房用紙巾吸乾湯汁和水分，完成餡料。

4 削掉高麗菜葉上較粗硬的梗，然後將 2 片高麗菜葉攤平後重疊，撒上些許鹽，將做法 3 炒好的餡料分成 2 等分，分別放在高麗菜葉上，包好捲成一捲。

5 將包好的高麗菜捲、弄碎的整粒蕃茄倒入鍋中，以大火加熱，沸騰後改成小火，繼續煮約 15 分鐘，以鹽、胡椒調味，再加入橄欖油。

6 小顆洋蔥切成對半。平底鍋燒熱，倒入些許橄欖油，等油熱了放入洋蔥、櫛瓜快速炒一下，然後放入油菜花、甜豌豆稍微煮一下。

7 將做法 5 盛入盤中，舀入做法 6，撒入巴西里末、細香蔥裝飾即可享用。

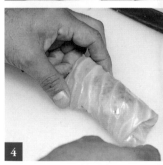

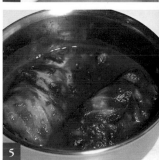

Chef's advice

在這道食譜中，煮扇貝貝柱的時間約 15 分鐘，仍能保持口感，但如果你覺得煮的時間太久，可以依照個人喜好調整烹煮時間。

地方料理的
獨特魅力

法國受大西洋、地中海環繞，擁有廣
大的漁場，而且還是歐洲最大的農業
國家。法國從北到南溫差迥異，又有
山岳、平原等地形地貌，這使得各地
發展出代代相傳的地方料理（鄉土菜
餚），成為旅人在法國各地遊走時的
樂趣之一。以下介紹這些充滿特色的
地方料理，希望大家有機會前往旅行
時，能親自品嘗最道地的好菜。

亞爾薩斯・洛林

以史特拉斯堡（Strasbourg）為中心，隔著萊茵河與德國相望的地區。比較接近德國的地區稱作亞爾薩斯，接近法國的稱作洛林。據說亞爾薩斯是鵝肝凍（Terrine de foiegras）的發源地，品質極佳。另外，法式醃酸菜（Choucroute）也不可不提。這種將甘藍菜以鹽水醃漬，使其發酵製成的食品，在德國叫作德國酸菜（Sauerkraut）。而把法式醃酸菜和辛香料、豬肉用白酒燉煮，最後再搭配香腸、馬鈴薯裝盤的料理也稱作「Choucroute」。洛林地區的地方料理，以洛林鹹派（Quiche lorraine）最出名，而且當地盛產香腸、火腿、肉脯等豬肉加工品。當地還有一種號稱全法第一的特產蜜拉貝爾（Mirabelle）加工食品。還有，這裡是瑪德蓮蛋糕（Madeleine）、馬卡龍（Macaron）的發源地。

洛林鹹派

布列塔尼

位在法國的最西邊，北鄰英法海峽，南濱大西洋，是個充滿海洋氣息的地方。在形狀複雜畸零的海岸線上，可以捕獲大量的干貝、龍蝦，以及小型的黑色貝類 Bigorneaux。當地的生蠔、白酒蒸淡菜獲得旅客的青睞，在康卡勒（Cancale）等海岸地區有大型的生蠔養殖場。另外，使用蕎麥粉製作的可麗餅也是當地的名菜之一，各種甜鹹口味多達數十種。這種在鑄鐵板上煎烤出來的薄餅，特色在於有著像蕾絲一樣的紋樣。另外，富含礦物質的給宏得天然海鹽（Sel de

淡菜

龍蝦

guérande）也是世界聞名。當地特產的含鹽奶油可以用來製作海鹽牛奶糖（Fleur de sel caramel）、法式焦糖奶油酥（Kouignamann）、布列塔尼奶油酥餅（Galletesbretonnes）等糕點。

諾曼第

在法國北部，是著名的酪農地區。利用聳立的海岸從事漁業活動，也是當地的主要產業。在這裡可以捕捉到比目魚、舌比目魚、蝶魚等體型扁平的魚類。這些魚類可以用蔬菜白酒高湯烹煮，或者和鮮奶油醬汁一起食用。這裡還出產羔羊。羔羊在吹著海風、面臨潮汐起伏的草地上吃牧草長大，有著獨特的氣味，受到各地老饕喜好。另外，像蘋果釀成的氣泡酒（Cidre）、蘋果白蘭地（Calvados），也是當地名產，有不甜、甜、水果味等多種選擇，為當地的地方料理添增獨特的風味。這裡的牛奶、鮮奶油、奶油等也是全法國最高級的，口味濃厚，廣受各種菜餚採用。

西南部　阿基坦

一提到阿基坦地區，就讓人聯想起能釀造精緻酒類的廣大葡萄園。當地出產的波爾多葡萄酒，常用於烹調各種菜餚。另外，這裡盛產從大西洋上岸的新鮮海產以及養鵝業，鵝肝、醃製品、燉煮類料理是當地的名菜。這裡的波雅克（Pauillac）羔羊、阿基坦牛肉也是世界知名食材。在蔬果方面，這裡生產大蒜、朝鮮薊、牛肝菌、白蘆筍。總之，在阿基坦地區，山珍海味都不缺。利用葡萄酒燉煮的料理，特別適合搭配菇類食用，有著樸素的家常菜風味。還有，可露麗（Cannelé）是這兒知名的甜點，加斯科涅（Gascogne）則是著名的雅馬邑白蘭地（Armagnac）的產地。

南部　朗格多克 - 胡西雍

卡蘇萊

在庇里牛斯山脈旁，又分為地中海沿岸與內陸兩大區塊，每個地區都有強烈的地方色彩，連用油都分成橄欖油、鵝油、豬油三大派。內陸區的名產有阿爾比（Albi）的大蒜、白蘆筍、四季豆等蔬菜。另外，鵝也是當地特產，可以和鴨一起做成醃製品（Confit）食用。到了朗格多克，千萬別忘記試一試這兒的名菜卡蘇萊（Cassoulet）。卡蘇萊這個詞，原意是陶瓷製的砂鍋，後來衍生成用砂鍋熬煮各種肉類（豬肉、羊肉、鴨肉、香腸等）、四季豆、蕃茄等製成的燉煮類料理。卡蘇萊的口感濃郁，讓人難以忘懷，是當地的一大特色。胡西雍地區鄰近西班牙，充滿加泰隆尼亞（西班牙的巴塞隆納附近）風味。當地的料理特徵，是用大量橄欖油和調味料烹煮大蒜、茄子、蕃茄等。

南部　普羅旺斯

馬賽魚湯

受到地中海氣候影響，當地盛產各種蔬菜和水果，再加上地中海的水產加持，使得這裡成為食材天堂。當地的食品最特別之處，在於利用材料本身的美味，做出精簡的料理，像蕃茄、大蒜、橄欖油是這裡的主要食材。除此之外，這裡還盛產可用於烹調普羅旺斯燉菜（Ratatouille）的茄子、櫛瓜和蘆筍等。用橄欖製作的橄欖醬（tapenade）和蒜香美乃滋（Aïoli）也常用於前菜。麵疙瘩（gnocchi）、青椒鑲肉、尼斯沙拉（Salada niçoise）則是當地具代表性的家常菜。另外，利用多種海鮮烹調，口味濃厚的馬賽魚湯（Bouillabaisse），也是不可不提的名菜。

牛里脊排佐帶籽芥末醬

在法國料理中，肉與帶籽芥末醬的搭配受到極度的好評。
這款芥末醬口感溫和優雅，很能引起人的食慾。

Entrecôte boeuf, sauce moutarde

材料（2 人份）

牛里脊肉⋯⋯⋯⋯⋯⋯⋯⋯2 片
鹽、粗粒黑胡椒⋯⋯⋯ 各少許
沙拉油⋯⋯⋯⋯⋯⋯⋯⋯⋯適量

醬汁

洋蔥⋯⋯⋯⋯⋯⋯⋯⋯⋯ 1/2 個
帶籽芥末醬⋯⋯⋯⋯⋯ 1 大匙
褐色雞高湯（參照 p.152）
⋯⋯⋯⋯⋯⋯⋯⋯⋯⋯ 140 毫升
水⋯⋯⋯⋯⋯⋯⋯⋯⋯ 50 毫升

配菜

馬鈴薯餅（參照 p.116）‥2 人份
水煮綠蘆筍⋯⋯⋯⋯⋯⋯2 根

做法

1 牛里脊肉的兩面都撒上鹽、粗粒黑胡椒；洋蔥切成細末。

2 平底鍋燒熱，倒入沙拉油，等油熱了，放入牛里脊肉（盛盤時要當作正面的那一面朝鍋底）以中火開始煎。不要搖晃平底鍋，只要稍微變換一下火源的位置，讓每一部分的肉能平均受熱。比較不易熟的脂肪部分，可不時用夾子稍微壓一下，使火能夠煎熟。

3 等肉的表面煎至恰到好處，再翻到另一面煎，同樣煎至自己喜歡的熟度，然後將肉排盛入盤中。

4 煎肉的半底鍋先不要清洗，鍋中仍保留剛才煎肉的肉汁，此時加入水、洋蔥、褐色雞高湯和帶籽芥末醬煮，煮滾後離火。

5 將馬鈴薯餅、水煮綠蘆筍分好 2 等分，分別放在牛里脊排旁，淋上醬汁即可大快朵頤。

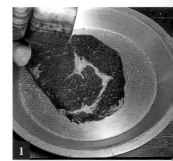

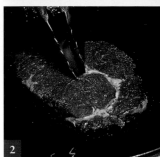

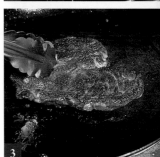

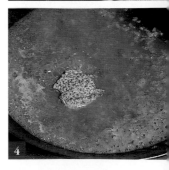

Chef's advice

材料中的牛里脊肉，可以準備每片約 150 克的，一人份剛剛好。此外，煎這塊牛里脊肉的重點在於，要用夾子或鏟子壓住脂肪的部分使其能夠受熱均一。醬汁的話，除了帶籽芥末醬汁之外，橄欖醬、鯷魚、奧勒岡等也都很搭配。

煎蒜香奶油帶骨小羊排

利用豬油網包覆，不僅能避免鮮美的肉汁流失，
而且豬油網的濃郁脂肪，能讓小羊排入口後更油潤多汁。

Rôti dágneau aux bourguignon

材料（2 人份）

帶骨小羊排⋯⋯⋯⋯⋯⋯2 根

大蒜香草奶油醬

（參照 p.161）⋯⋯⋯⋯ 20 克

豬油網（參照 p.187）⋯⋯⋯2 張

沙拉油⋯⋯⋯⋯⋯⋯⋯適量

鹽、粗粒黑胡椒⋯⋯⋯ 各少許

醬汁

褐色雞高湯（參照 p.152）

⋯⋯⋯⋯⋯⋯⋯⋯ 50 毫升

配菜

烤茄子、櫛瓜與蕃茄片

（參照 p.121）⋯⋯⋯⋯ 2 人份

準備工作

將豬油網放在冷水中泡一晚，以去除髒污和臭味。

做法

1 先以鋒利的菜刀在帶骨小羊排上面劃一刀，然後在劃刀處填入大蒜香草奶油醬。

2 取出豬油網瀝乾，整張包裹在帶骨小羊肉表面。

3 平底鍋燒熱，倒入沙拉油，等油熱了，放入帶骨小羊排（盛盤時要當作正面的那一面朝鍋底）以中火開始煎。不要搖晃平底鍋，只要稍微變換一下火源的位置，讓每一部分的肉能平均受熱。比較不易熟的脂肪部分，可不時用夾子稍微壓一下，使火能夠煎熟。

4 等肉的表面煎至恰到好處，再翻到另一面煎，煎好之後將肉盛入盤中，旁邊擺上烤茄子、櫛瓜與蕃茄片。

5 鍋中倒入褐色雞高湯，等煮至剩一半的量時，淋在肉上面，撒入些許鹽、粗粒黑胡椒即可享用。

準備工作

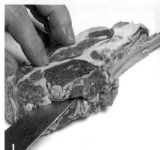

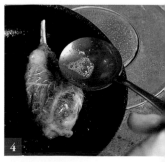

Chef's advice

小羊排煎至肉中間仍帶有少許粉紅色時最可口。如果買不到豬油網的話，可以改用培根包裹小羊肉，再以牙籤封緊或是細線綁緊，防止填在肉中的大蒜香草奶油醬融在鍋面上，這樣才能烹調出美味的小羊肉。

香煎雞肉佐戈貢佐拉乳酪

即使是易喪失水分、口感變柴的雞肉,加點水分後蒸烤,肉質仍能維持柔軟。
當藍黴乳酪、香菇和法式芥末醬這些具有鮮明風味的食材搭配在一起,
更能呈現出絕妙的好滋味。

Sauté de volaille au gorgonzola

材料（2 人份）

雞腿肉 2 片（每片約 250 克）
馬鈴薯 ·······················1 個
香菇 ··························8 朵
戈貢佐拉乳酪 ···········30 克
雞清高湯（參照 p.151）或水
························40 毫升
鹽、胡椒 ··············各少許
法式芥末醬 ··············20 克
麵包粉 ·····················2 杯
巴西里末 ···················少許
奶油 ························少許
沙拉油 ····················適量

做法

1 馬鈴薯連皮放入滾水中煮熟，撈出後切成約 1 公分厚的圓片；香菇去掉菇柄；平底鍋燒熱，倒入沙拉油，等油熱了放入香菇稍微煎一下。

2 平底鍋再次燒熱，倒入沙拉油，等油熱了放入雞腿肉（雞腿皮那一面朝鍋底）以中火開始煎，等煎至焦黃色，翻面繼續煎。不要搖晃平底鍋，只要稍微變換一下火源的位置，讓每一部分的肉能平均受熱。

3 取出煎好的雞腿肉，切成約 1 公分寬的肉片。

4 在耐熱容器中塗抹些許奶油，將馬鈴薯、香菇和雞腿肉交互排放在容器中。

5 倒入已經加熱的雞清高湯，以鹽、胡椒調味。

6 在做法 5 撒上弄碎的戈貢佐拉乳酪，然後以紙捲擠花袋（參照 p.148）擠出等寬的法式芥末醬，撒些麵包粉，放入預熱已達 185℃的烤箱中烘烤約 12 分鐘。食用前再撒上巴西里末即可享用。

Chef's advice

除了戈貢佐拉乳酪，你也可以改用卡門貝爾乳酪或帕瑪森乳酪，品嘗不同的風味。將食材、法式芥末醬和乳酪平均地盛在盤子上，才能同時享受多重美味。

香嫩烤雞

用整隻雞為食材的香嫩烤雞，不僅美味而且做法超簡單。
外皮酥、肉嫩多汁、品相佳，建議你在派對上推出這道料理。
在剩餘的肉汁裡加入些許檸檬汁，
就成了清爽無比的檸檬醬汁。

Chef's advice

一邊淋著肉汁一邊烤，火力不會太旺，便可以封住肉汁而
使外層表皮香酥，而內層多汁。當作配菜的馬鈴薯也一起
烤的話，香濃的肉汁滲入馬鈴薯中，一定更可口。

Rôti de poulet

材料（4 人份）

春雞 ……………………… 1 隻
鹽、胡椒 ……………… 各少許
奶油 …………………… 適量

配菜

小馬鈴薯 ………………… 12 個
百里香 ……………… 4 ～ 5 枝

醬汁

檸檬 ……………………… 1 顆
白酒醋 ……………… 100 毫升

做法

1 春雞先剁掉頭部，取出內臟。

2 用線綁好雞肉，固定形狀。一般會利用肉針鉤（如細長針般的金屬棒）這類器具輔助，將線固定好肉。不過在一般家庭，只要用線綁好春雞的兩隻腳即可。在雞肉上撒入些許鹽、胡椒。

3 取一個可以放入烤箱中的耐熱鍋，鍋燒熱後放入奶油，等油熱了放入春雞、馬鈴薯和百里香，以中火煎至雞肉上色，再一邊淋著肉汁繼續煎一下。

4 等雞肉煎至呈焦黃色且香氣四溢，連同整個耐熱鍋放入預熱已達 180℃的烤箱中烘烤約 45 分鐘。烘烤過程中，每 8 分鐘取出淋一下醬汁再繼續烤。

5 將烤好的春雞、馬鈴薯和百里香盛入盤中。

6 做法 5 的耐熱鍋中倒入白酒醋，把黏在鍋子邊緣的雞油、精華弄脫落，以中火加熱，加入檸檬汁煮成醬汁，試試看味道，如果太濃稠的話，可加入些許水（材料量以外）稀釋。

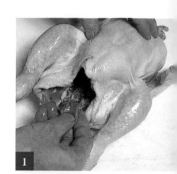
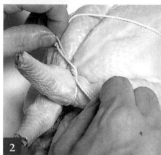

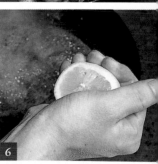

如何剁開烤春雞

1 將左右腿剁開。

2 刀子從中間切下。

3 順著剛才切的刀痕剁成兩半。

4 沿著骨頭剁除雞胸肉。

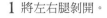

烤酥派皮包牛菲力

用烤至酥脆的派皮包裹牛菲力，肉質會更加軟嫩。
此外，具有獨特濃郁香氣的黑橄欖醬，與牛肉也十分契合。
不需高難度的技巧，你也能烹調出不輸專業的料理。

Chef's advice

派皮要烤到內部鬆脆、口感有點沙沙的，才是美味的關鍵。因此操作過程中，
派皮必須一邊放入冰箱冷藏一邊取出操作，才能避免派皮內部的奶油融化，
影響口感，最後再直接放入烤箱以高溫烘烤。

Filet de boeuf en croûte

材料（2人份）

牛菲力（取自牛里脊肉）
…………2片（每片約80克）
鹽、胡椒……………………各少許
沙拉油………………………適量
蘑菇……………………………6個
黑橄欖醬…………………1小匙
市售酥派皮…1片（150克）
蛋黃……………………1顆份量
水…………………………2小匙

醬汁
褐色雞高湯（參照p.152）
………………………………150毫升
黑橄欖醬…………………1小匙
鹽、胡椒……………………各少許

配菜＆裝飾
平葉巴西里…………………適量

做法

1 在牛菲力上撒些許鹽、胡椒。蘑菇切細碎，和黑橄欖醬混合。

2 平底鍋燒熱，倒入沙拉油，等油熱了，放入牛菲力（盛盤時要當作正面的那一面朝鍋底）以中火開始煎。不要搖晃平底鍋，只要稍微變換一下火源的位置，讓每一部分的肉能平均受熱。煎完一面再翻面煎好。

3 把做法1的蘑菇黑橄欖醬舀在牛菲力上面。

4 將派皮切成2等分，然後分別以擀麵棍擀成12公分的正方形，將牛菲力放在擀好的派皮上包好，以拌勻的蛋黃和水塗抹在派皮的邊緣，將兩片派皮黏貼好（封口）。

5 將做法4的派皮放入冰箱冷藏，鬆弛10分鐘。

6 取出鬆弛好的派皮，將做法4中剩餘的蛋黃水抹在派皮的表面，然後排在耐熱容器或鋪了烤盤紙的烤盤上，放入已預熱達200℃的烤箱中烘烤約10分鐘。

7 將褐色雞高湯倒入小鍋中，加熱濃縮至大約剩一半的量，加入黑橄欖醬、鹽和胡椒調味，完成醬汁。

8 將烤好的做法6盛放在盤子上，以平葉巴西里裝飾，再淋入醬汁即可享用。

紅酒燉煮牛五花

這道是以紅酒產地聞名的勃艮地（Bourgogne）地區的知名料理。
經過慢燉而肉質柔軟的牛肉散發紅酒的香氣，是成人才能品嘗的美味呀！

Chef's advice

將牛肉和紅酒、蔬菜一起醃，牛肉會變得更柔軟。在
烹調過程中，確實將浮在湯汁表面的浮末（渣）、脂
肪撈除，可以避免完成的料理過於油膩。

Boeuf bourguignon

材料（3 人份）

牛五花（腹部）⋯⋯⋯ 500 克
胡蘿蔔⋯⋯⋯⋯⋯⋯⋯⋯⋯ 1 根
洋蔥⋯⋯⋯⋯⋯⋯⋯⋯⋯⋯⋯ 1 個
西洋芹⋯⋯⋯⋯⋯⋯⋯⋯⋯ 1 根
大蒜⋯⋯⋯⋯⋯⋯⋯⋯⋯⋯⋯ 1 瓣
巴西里的梗⋯⋯⋯⋯⋯⋯ 2 根
紅酒⋯⋯⋯⋯⋯⋯⋯⋯ 400 毫升
鹽、胡椒⋯⋯⋯⋯⋯⋯ 各少許
低筋麵粉⋯⋯⋯⋯⋯⋯⋯⋯ 適量
沙拉油⋯⋯⋯⋯⋯⋯⋯⋯⋯ 適量
蕃茄糊⋯⋯⋯⋯⋯⋯⋯⋯⋯ 15 克
褐色雞高湯（參照 p.152）
⋯⋯⋯⋯⋯⋯⋯⋯⋯⋯ 400 毫升
培根⋯⋯⋯⋯⋯⋯⋯⋯⋯⋯⋯ 70 克
小洋蔥⋯⋯⋯⋯⋯⋯⋯⋯⋯ 6 個
蘑菇⋯⋯⋯⋯⋯⋯⋯⋯⋯ 100 克

準備工作

牛五花切成 5 公分的大塊，用線綁好。胡蘿蔔、洋蔥、西洋芹和大蒜切滾刀塊。將牛五花、切好的蔬菜放入大容器中，加入巴西里的梗，撒入鹽、胡椒，倒入紅酒，放入冰箱冷藏醃約 2 天。

做法

1 將醃好的牛五花、醃漬汁液和蔬菜全部先分開放，巴西里的梗挑除。

2 將牛五花沾薄薄的一層低筋麵粉，放入以沙拉油熱好的平底鍋中，煎至焦黃。

3 湯鍋燒熱，倒入沙拉油，等油熱了放入蔬菜，以中火炒至蔬菜釋出甜味。

4 將醃漬汁液、牛五花、蕃茄糊和褐色雞高湯倒入做法 3 中煮，等沸騰了改成小火，蓋上鍋蓋，慢慢地燉煮約 1 小時 30 分鐘～ 2 小時。在烹調的過程中，要不時地撈除浮在湯汁表面的浮末（渣）、脂肪，如果湯汁快煮乾了，酌量加入些許水（材料量以外）繼續煮。

5 以竹籤等刺刺看牛肉，如果可以穿過即可取出。

6 將做法 5 鍋中的燉煮醬汁以網篩過濾。

7 培根切 1 公分的小丁，連同小洋蔥一起放入以沙拉油熱好的平底鍋中炒一下，然後加入蘑菇炒至熟。

8 取一個乾淨的湯鍋，倒入過濾好的燉煮醬汁，加入拆掉綁線的牛五花、做法 7，以中火煮一下，以鹽、胡椒和水調味，即可盛盤享用。

準備工作

2

5

6

白酒醋燉煮春雞腿

Volaille de bresse vinaigre

濃厚的醬汁結合了白酒醋的柔和酸味，使這道濃郁系料理清爽不少。
吃慣了清淡口味的雞肉，不妨試試！

材料（2 人份）

雞腿肉 2 片（每片約 250 克）	沙拉油 ························ 適量
洋蔥 ························ 1/4 個	白酒醋 ···················· 100 毫升
蕃茄 ························ 1 個	雞清高湯（參照 p.151）或水
大蒜 ························ 1 瓣	···························· 150 毫升
茵陳蒿 ···················· 2 根	鮮奶油 ···················· 2 大匙
鹽、胡椒 ················ 各少許	

Chef's advice

這道燉煮雞腿肉好吃的秘訣，在於
肉質要燉得柔軟。加入白酒醋燉煮
雖然可以使肉變軟，但得注意要改
成小火烹調才行。

做法

1 雞腿肉切成一口的大小；洋蔥、大蒜
和茵陳蒿切成細碎；蕃茄切約 0.7 公分的
小丁。

2 在雞腿肉上撒些許鹽、胡椒，放入以
沙拉油熱好的湯鍋中，用中火煎一下，
煎至上色。

3 接著加入洋蔥、大蒜、蕃茄和白酒醋、
雞清高湯，煮至沸騰後改成小火，蓋上
鍋蓋，燉煮約 30 分鐘。

4 加入茵陳蒿和鮮奶油，盛入盤中即可
享用。

燉煮八角風味豬五花
Ragoût de porc au anis étoilé

添加了八角特有的風味與香氣，大塊的豬五花變得清爽不油膩。
當然除了八角，你也可以改用其他香草，品嘗新口味。

材料（5 人份）

豬五花（腹部）……… 500 克		低筋麵粉………………… 適量	
洋蔥 …………………… 1 個		沙拉油………………… 適量	
胡蘿蔔 ………………… 1 根		蕃茄糊………………… 15 克	
西洋芹 ………………… 1 根		褐色雞高湯（參照 p.152）	
大蒜 …………………… 1 瓣		……………………… 500 毫升	
八角 …………………… 2 個		**配菜 & 裝飾**	
巴西里的梗 …………… 2 枝		四季豆………………… 適量	
鹽、胡椒 …………… 各少許		香菇…………………… 適量	
白酒 ………………… 400 毫升			

Chef's advice

為了增添香氣，我在這裡使用了八角，不喜歡八角的人不放也沒關係，料理一樣好吃，或者你可以改用其他香料入菜，例如迷迭香。

準備工作

豬五花切 5 公分的塊狀，用線綁好；洋蔥、胡蘿蔔、西洋芹和大蒜切滾刀塊。接著將豬五花、蔬菜類、巴西里的梗和八角放入一個容器中，撒入鹽、胡椒，倒入白酒，放入冰箱冷藏醃約 1 天。

做法

1 參照 p.101 紅酒燉煮牛五花的做法 1 ～ 6 烹調。

2 四季豆放入滾水中燙熟，取出切成斜段。香菇切掉菇柄，然後切成 1 公分寬，放入以沙拉油燒熱的平底鍋稍微炒一下。

3 將煮肉的湯汁以網篩過濾好，倒入湯鍋中，放入拆掉綁線的豬五花，以中火煮一下，加入鹽、胡椒和水（材料量以外）調味。

4 將做法 3 盛入盤中，擺上四季豆、香菇即可享用。

牛絞肉、蕃茄與茄子塔

利用空心圓模來固定，很簡單就能完成一道高級料理。
鮮美的汁流到蔬菜，只要撒入些許鹽、胡椒，就成了魅力十足的好菜。

Cercle de boeuf et tomate, aubergine

材料（4人份）

牛絞肉 ………………… 300 克
茄子 …………………………… 4 根
紅、黃小蕃茄 ………… 各 6 個
橄欖油 ………………………… 適量
鹽、胡椒 ……………… 各少許

裝飾

細香蔥 ………………………… 適量
薄荷 ……………………………… 適量
綠捲鬚 ………………………… 適量

做法

1 茄子切成約 0.5 公分厚的圓薄片。

2 平底鍋燒熱，倒入橄欖油，等油熱了放入茄子，煎至兩面都上色，撒入些許鹽、胡椒。

3 在空心圓模的內側塗抹少許橄欖油，然後排放在耐熱容器或鋪好烘焙紙的烤盤上，將茄子沿著空心圓模的內側貼好。

4 將牛絞肉填入空心圓模的底部，撒入些許鹽、胡椒。

5 在牛絞肉上面放 3 個小蕃茄，以鹽、胡椒調味，淋入些許橄欖油。

6 將做法 5 放入已經預熱達 160℃的烤箱烘烤約 15 分鐘。

7 烤好並放涼之後，小心地脫膜，移入盤中，稍微以香草裝飾即可享用。

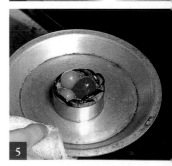

Chef's advice

食材的選用上，可以用櫛瓜、高麗菜等隨意組合取代茄子。重點是以顏色的搭配來組合，可以讓成品更美觀。

豬肉白菜千層派
Mille-feuille de porc et hakusai

這裡是將肉和蔬菜以重疊的方式組合成千層派，可以輕鬆優雅地食用。
白醬搭配酸豆，讓這道料理更清爽。

材料（8 人份）

白菜	約 6 片	麵包粉	50 克
雞清高湯（參照 p.151）	200 毫升	鹽、胡椒	適量
肉餡		雞清高湯（參照 p.151）	100 毫升
豬絞肉	500 克	**醬汁**	
洋蔥	100 克	白醬（參照 p.158）	400 毫升
培根	30 克	酸豆	30 克

Chef's advice

在疊排白菜和肉餡時，要稍微排得緊實一點，最後切割時，切面才會整齊、漂亮。此外，也可以換成水煮高麗菜、蕃茄、馬鈴薯等食材製作。

做法

1 白菜放入滾水中迅速煮一下，撈出擦乾水分；洋蔥、培根切成細碎。

2 將豬絞肉、洋蔥、培根、麵包粉、100毫升的雞清高湯、鹽和胡椒倒入大盆中，拌勻成肉餡，然後充分甩打至有彈性。

3 取一個耐熱鍋，依照白菜→肉餡的順序，均勻地排入鍋中，重疊食材大約排成 4 層，倒入 200 毫升的雞清高湯。

4 將做法 3 的耐熱鍋放入已經預熱達170 ～ 180℃的烤箱，烘烤約 40 分鐘。

5 烤好後將鍋中的湯汁取出，加入白醬、酸豆拌勻成醬汁。

6 將做法 4 切成適當的大小，排入盤中，搭配醬汁即可享用。

炸豬肉鳳梨
Porc et ananas en beignets

鬆軟的麵糊與水果的天然甘甜十分契合，可以當成前菜。

「beignet」可以說是法式天婦羅，建議你搭配各種食材，體驗炸料理的好滋味。

材料（2 人份）

豬五花薄片⋯⋯⋯⋯⋯⋯6 片	鹽、胡椒⋯⋯⋯⋯⋯各少許
鳳梨片（圓片）⋯⋯⋯1 片	炸油⋯⋯⋯⋯⋯⋯⋯適量
低筋麵粉⋯⋯⋯⋯⋯⋯適量	**醬汁**
鹽、胡椒⋯⋯⋯⋯⋯各少許	香草美乃滋醬（參照 p.157）
麵糊 ※	⋯⋯⋯⋯⋯⋯⋯⋯適量
低筋麵粉⋯⋯⋯⋯⋯ 125 克	**裝飾**
泡打粉⋯⋯⋯⋯⋯ 1/4 小匙	鼠尾草的葉子⋯⋯⋯⋯6 片
水⋯⋯⋯⋯⋯⋯⋯ 180 毫升	
蛋白⋯⋯⋯⋯⋯ 1 顆份量	※ 麵糊份量以容易製作的量即可，剩
橄欖油⋯⋯⋯⋯⋯⋯ 1 小匙	下來沒用完的，可以拿來炸蔬菜。

Chef's advice

油炸的時候要稍微翻攪一下，才能整顆都炸熟，不過要注意，因為充分地沾裹大量的麵糊，所以要等到外表炸至定型之後才能翻攪。

準備工作

先製作麵糊。將過篩的低筋麵粉、泡打粉、水、鹽、胡椒和橄欖油倒入盆子中，以打蛋器混合拌勻，然後分成 2 次加入打好的蛋白霜（舀起蛋白霜尖端會完全挺起成一個小尖角，不會掉落，見 p.148），以刮刀舀入，用切拌的方式迅速拌勻。

做法

1 鳳梨切成 6 等分；在豬五花薄片上撒入些許鹽、胡椒，然後每一片都包捲一片鳳梨。

2 將做法 1 先沾裹低筋麵粉，然後沾裹麵糊，放入 180℃的油鍋中炸約 5 分鐘至淺棕色，撈出瀝乾油分。

3 將香草美乃滋醬舀入盤子，放上做法 2，以鼠尾草的葉子裝飾即可享用。

法式春雞捲

「galantine」是指法式料理中填入雞肉的菜，一般來說是以完整的一隻雞為材料。
看似複雜難做，實際上出乎意料的簡單，尤其適合招待客人。

Chef's advice

這道春雞捲不管是溫熱或冷食都相當可口。冷食的話，
搭配油醋醬更順口。另外，也可以整捲放入平底鍋，乾
煎至雞皮酥脆食用。

Galantine de volaille

材料（直徑 3× 長 20 公分，1 條）

雞腿肉	2 片
雞肝	15 克
培根	1 片
洋蔥	1/4 個
沙拉油	適量
肉豆蔻	適量
麵包粉	30 克
雞清高湯（參照 p.151）或水	80 毫升
鹽、胡椒	各少許

醬汁

褐色雞高湯（參照 p.152）	1 大匙
開心果油或橄欖油	1 大匙

配菜＆裝飾

苜蓿芽	適量
山蘿蔔	適量
細香蔥	適量
粗粒黑胡椒	適量

做法

1 將雞腿肉和皮分開；雞肝、培根剁成細碎。

2 洋蔥切成細碎，放入以沙拉油熱好的平底鍋中迅速炒一下，取出放涼。

3 將雞腿肉先切小塊，然後用菜刀剁成細碎（也可以使用食物調理機處理）。

4 將雞腿肉、雞肝、培根、放涼的洋蔥放涼了的做法 2、鹽和胡椒倒入大盆子中，拌勻成餡料，然後充分拌至有彈性。

5 取一張錫箔紙，鋪上雞皮攤平，放入可以包捲起來的份量的餡料，用錫箔紙捲好，整型成直徑 3× 長 20 公分的長條狀（剩餘的餡料可以用水煮白菜或高麗菜的葉子包裹，以烤箱烘烤，或者是直接將餡料壓扁做成漢堡肉排也不錯）。

6 在包好的錫箔紙捲上，選好 3 個位置，以線分別綁好錫箔紙，固定好，然後放入已經預熱達 160℃ 的烤箱烘烤約 15 分鐘。

7 將做法 6 的綁線和錫箔紙拆掉，把雞捲放入盤中，加入些許喜歡的香草。將開心果油（或橄欖油）和褐色雞高湯拌勻成醬汁，舀入盤子，再於肉捲上撒入些許粗粒黑胡椒即可享用。

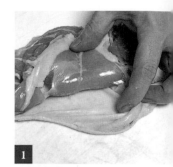

卡蘇萊

這道燉煮白豆料理，是法國西南部隆格多克地方（Languedoc）的代表菜，很具家常風味。
依不同的地區，出現加入羊肉、豬肉等肉類的版本，食材很有變化。

Cassoulet

材料（4 人份）

水煮白豆	100 克
洋蔥	1/4 個
大蒜	1 瓣
豬油※	10 克
培根塊	40 克
香腸	4 根
市售油封鴨腿※	1 隻
蕃茄丁罐頭	1/2 罐
麵包粉	2 杯
巴西里末	少許

※ 沒有豬油的話，使用橄欖油亦可。

※ 也可以用其他油封肉類取代油封鴨腿，但若是生肉的話，可以放入做法 2 中一起炒。

做法

1 洋蔥、大蒜切成細碎；培根塊切成 4 等分。

2 將豬油、洋蔥、大蒜放入耐熱鍋中，以小火稍微炒一下。

3 當做法 2 炒至呈透明，加入培根、水煮白豆、香腸、油封鴨腿和蕃茄丁，蓋上鍋蓋，燉煮約 10 分鐘。

4 將麵包粉撒在做法 3 上。

5 整鍋放入已經預熱達 180℃的烤箱烘烤約 15 分鐘，取出撒上巴西里末即可享用。

Chef's advice

我在這道食譜中用了油封鴨腿，但任何肉類都可以使用。白豆和肉類經過燉煮，滋味交織融合，真是一道人間美味。

終極的美食
野味料理

「gibier」在法文中是指野生的鳥類、獸類。在日本，以這類食材烹調而成的野味，近年來比較可見，但在自古即為狩獵民族的歐洲而言，始終是很受歡迎的美食。

季節限定的野味大餐
是招牌料理！

因為在特定期間才可以狩獵鳥獸，所以每年 10 月～次年 1 月底，饕客們方能品嘗到野味料理。短短的享用時間，加上供應量不穩，野味可以說是非常奢侈的料理。說到野味料理，最大的特色在於氣味濃厚，這種「濃厚」並非每個人都能接受，不過嗜食的人正是被這股「濃厚」野性氣味吸引。剛開始品嘗野味料理，建議先從雉雞、鷓鴣開始嘗試，當你愛上它，再向野兔、野豬挑戰吧！

此外，在山野大自然中恣意奔跑成長的野生鳥獸，肉的油脂較少，堪稱健康食材，但相反地，烹調時就得想辦法使肉質變得肥腴柔軟，同時還得兼具處理內臟的手藝。為了讓這些野生肉品釋出美好的風味，熟成（faisandage）再烹煮食用是必要的步驟，而熟成更是一門難度極高的技術。所以，烹調者的手藝與野味料理的美味度可以說是息息相關。

野生鳥獸的種類

野生獸類

鹿 Chevreuil

深紅色的肉，脂肪較少。由於時序入冬，體內積存脂肪，可大大增加肉質鮮美度。

小野豬 Marcassin

這種野豬小時候橢圓的體型，加上身上的條紋圖案，在日本有「小瓜」的別名，長大之後叫作 marcassin。

野兔 Lièvre

野兔本身極為濃厚的肉臊，被稱為醍醐味。有許多料理使用野兔血做成醬汁搭配，以強調原汁原味。肉質較粗韌、結實，油脂少。

野生禽類

雉雞 Faisan

如同熟成（faisandage）一字的語源，不可立刻食用，必須經過 3 ～ 4 天的熟成之後再烹煮。

綠頭鴨 Colvert

野鴨的代表種類。雄鴨的頭和頸部是青綠色，所以叫綠頭鴨。雌鴨比雄鴨的脂肪厚，野味也更濃厚。

野鴿 Pigeon ramier

是野生肉品中最受歡迎的食材。在野味料理中屬於味道較清淡，料理菜名常見使用「乳鴿」。

鷓鴣 Perdrix

有紅鷓鴣（Perdreau rouge）、灰色鷓鴣（Perdreau gris）兩種，都屬於白肉，烹調後容易咀嚼入口。出生後未滿 1 年的雛鳥叫作 perdreau，1 年之後的成年鷓鴣則叫作 perdrix。

山鷸 Bécasse

目前山鷸在法國的市場已經禁止出售，是野味中最稀少、價值最高的食材。肉質柔軟、鮮美，氣味不厚重，可以稍微品嘗到野味料理的風味。

Potage d'asperge blanche

Pommes de terre et maïs dauphine

Siitake à la bordelaise

Cepè mariné

Mille-feuille au tomate

Beignets de tomate et olive noir

Asperge à la kebab

Sauté de asperge au vinaigrette foie de volaille

Galette de haricots verts

Nouille de carottes au crevette

Oeufs en cocotte à la dijonnaise

Pickles de légume

Coquillages et poireau en balsamique

Friture de courgettes au citron

Beignets de oignon

Tian de aubergines et courgettes

Ratatouille

Choufleur frite

Risotte

Sautè de lentille

Artichaut à la barigoule

Etuvéede chou bruxelles

Figue rôti au vin rouge

Caramélise d'abricot

Garnitures
配 菜

馬鈴薯餅
1 Galette de pommes de terre

焗烤馬鈴薯玉米
2 Pommes de terre et maïs dauphine

烤香料香菇
3 Siitake à la bordelaise

醋醃杏鮑菇
4 Cèpe mariné

5 烤蕃茄火腿千層派
Mille-feuille au tomate

6 炸蕃茄橄欖
Beignets de tomate et olive noir

7 烤羊肉蘆筍串
Asperge à la kebab

8 煎雞肝蘆筍佐油醋醬
Sauté de asperge au vinaigrette foie de volaille

馬鈴薯餅

1

Galette de pommes de terre

「galette」是用煎烤烹調的扁圓形料理。
好吃的關鍵在於，把馬鈴薯煎至呈淺棕色
且口感酥脆！

材料（2 人份）

馬鈴薯…3 個	沙拉油…適量
鹽、胡椒各…少許	奶油…1½ 大匙

做法

1 馬鈴薯削除外皮，切成細絲後漂水。如果
是用刨絲器的話，可以切得更整齊。

2 將瀝乾水分的馬鈴薯撒上些許鹽、胡椒，
混合拌勻。

3 平底鍋燒熱，倒入沙拉油和奶油，等奶油
融化放入馬鈴薯，一邊整成扁圓形一邊開始
煎烤。

4 等一面煎至淺棕色，翻到另一面，同樣也
煎成淺棕色，即可盛盤享用。

焗烤馬鈴薯玉米

2

Pommes de terre et maïs dauphine

將馬鈴薯切成薄片後焗烤，
這是法國東南部多芬（Dauphine）的地方
料理。

材料（2 人份）

馬鈴薯（黏度高且不易煮碎的品種）…1 個
玉米…1/2 根　鮮奶油…100 毫升　牛奶…
20 毫升　肉豆蔻…少許　鹽、胡椒…各少許
奶油…適量　大蒜…1/2 瓣

做法

1 馬鈴薯削除外皮，切成 0.3 公分厚的圓薄
片。玉米放入滾水中煮熟，剝下玉米粒。

2 在耐熱容器中塗抹奶油，然後也用大蒜切
面塗抹容器內。

3 將馬鈴薯排在耐熱容器中，加入混拌好的
玉米、鮮奶油、牛奶、肉豆蔻、鹽和胡椒，
放入已預熱達 180℃的烤箱烤約 15 分鐘，至
邊緣上色即可取出。

烤香料香菇

3

Siitake à la bordelaise

沒想到香菇、大蔥這類日式食材和紅酒竟
如此契合，讀者們好好享用吧！

材料（2 人份）

香菇…6 朵　日本大蔥末…1 小匙　沙拉
油…適量　紅酒…2 大匙　褐色雞高湯（參照
p.152）…50 毫升　鹽、胡椒…各少許　巴西里
末…1/2 小匙

做法

1 香菇切掉蒂頭，然後將蒂頭（菇柄）切成
0.5 公分的小丁。

2 平底鍋燒熱，倒入沙拉油，等油熱了放入
香菇蒂頭、大蔥末炒一下，加入紅酒、褐色
雞高湯、鹽和胡椒，以中火煮至收汁。

3 將做法 2. 填入香菇傘中，放入預熱已達
160℃的烤箱中烘烤約 5 分鐘。食用前再撒
上巴西里末即可享用。

醋醃杏鮑菇

4

Cèpe mariné

活用杏鮑菇獨有的口感和形狀，
創作出一道如畫般的美食。

材料（4 人份）

杏鮑菇…4 朵　雞清高湯（參照 p.151）…150 毫
升　白酒醋…50 毫升　特級冷壓橄欖油…
20 毫升　鹽、胡椒…各少許　橄欖油…適量
巴西里末…少許

做法

1 雞清高湯、白酒醋、特級冷壓橄欖油、鹽
和胡椒倒入鍋中，煮至即將沸騰前離火。

2 杏鮑菇切薄片，塗上橄欖油後放入平底鍋
中，煎至稍微上色，然後放入做法 1 中醃漬
約 20 分鐘。

3 將杏鮑菇盛入盤中，撒入巴西里末即可享
用。

烤蕃茄火腿千層派

5

Mille-feuille au tomate

將蕃茄片堆疊成千層派！
這是一道值得推薦的時尚前菜。

材料（2 人份）

蕃茄…2 個　洋蔥…1/4 個　生火腿或里脊火
腿…2 片　橄欖油…適量　鹽、胡椒…各少許
油醋醬（參照 p.154）…適量

做法

1 蕃茄切掉蒂頭，切成 4 片圓片。

2 洋蔥、生火腿切成細碎。

3 依蕃茄、洋蔥、生火腿的順序堆疊，堆疊
成千層派的形狀。

4 將做法 3 放入耐熱容器中，淋入橄欖油，
撒入鹽、胡椒，放入預熱已達 180℃的烤箱
中烘烤約 10 分鐘。

5 等涼了之後放入冰箱冷藏，食用時搭配油
醋醬即可。

炸蕃茄橄欖

6

Beignets de tomate et olive noir

鬆軟的麵糊與多汁蕃茄的新鮮搭配。
食用時，小心別燙傷了呀！

材料（2 人份）

小蕃茄…6 個　紅心橄欖…6 個　低筋麵粉…
適量　炸油…適量　麵糊※〔低筋麵粉…125
克　泡打粉…1/4 小匙　水…180 毫升　蛋白…
1 顆份量　橄欖油…1 小匙　鹽、胡椒…各適
量〕　炸油…適量

做法

1 將過篩的麵粉、泡打粉、水、鹽、胡椒和
橄欖油拌勻，分 2 次加入打好的蛋白霜（參照
p.148），以刮刀用切拌的方式拌勻成麵糊，冷
藏約 1 小時。

2 小蕃茄放入滾水汆燙後去皮，挖掉籽，填
入橄欖。

3 做法 2 撒滿麵粉後沾裹做法 1，放入 180℃
的油鍋中炸約 5 分鐘。

烤羊肉蘆筍串

7

Asperge à la kebab

用蘆筍來當肉串相當特別。
蔬菜與肉的均衡搭配，讓這道菜更顯魅力。

材料（4 人份）

蘆筍…4 根　羊絞肉…100 克　洋蔥…1/6 個
無糖原味優格…1 小匙　薑黃粉…1/4 小匙
孜然粉…1/4 小匙　低筋麵粉…1 小匙　鹽、
胡椒…各少許　奶油…1 大匙

做法

1.綠蘆筍削除根部較硬的皮；洋蔥切成細
碎。

2.將羊絞肉、洋蔥、優格、薑黃粉、孜然粉、
低筋麵粉、鹽和胡椒放入容器中拌勻，拌至
有黏性。

3.將做法 2 圍捲在綠蘆筍的邊緣。

4.平底鍋以奶油燒熱，放入做法 3 邊轉邊煎
熟。

煎雞肝蘆筍佐油醋醬

8

Sauté de asperge au vinaigrette foie de volaille

氣味濃郁的雞肝與清爽的蔬菜搭在一起，
更顯其獨特的風味。

材料（2 人份）

綠蘆筍…4 根　雞肝…30 克　鹽、胡椒…各
少許　沙拉油…適量　芝麻葉…4 片　油醋醬
（參照 p.154）…適量

做法

1 綠蘆筍削除根部較硬的皮，斜切成 4 等分，
放入滾水中煮熟；芝麻葉切成一口大小。

2 平底鍋燒熱，倒入沙拉油，等油熱了放入
雞肝煎熟，撒入鹽、胡椒。取出雞肝，切成
1 公分的小丁。

3 將做法 1、2 盛入盤中，搭配油醋醬即可享
用。

四季豆乳酪餅
9 Galette de haricots verts

羅勒風味胡蘿蔔片佐蝦仁
10 Nouille de carottes au crevette

第戎風味蒸菠菜蛋
11 Oeufs en cocotte à la dijonnaise

醃綜合蔬菜
12 Pickles de légume

13 **巴薩米克醋風味海瓜子大蔥**
Coquillages et poireau japonais en balsamique

14 **炸櫛瓜佐檸檬**
Friture de courgettes au citron

15 **酥脆洋蔥餅**
Beignets de oignon

16 **烤茄子、櫛瓜與蕃茄片**
Tian de aubergines et courgettes

四季豆乳酪餅

Galette de haricots verts

煎得香酥的乳酪最適合下酒了。
也可以換成綠蘆筍、玉米等蔬菜，
品嘗不同風味。

材料（2 人份）

四季豆…10 根　　　現磨帕瑪森乳酪…40 克

做法

1 四季豆放入滾水中煮熟，取出縱切成兩半。

2 將現磨帕瑪森乳酪撒入耐熱容器中。

3 將四季豆排放在做法 2 上，放入預熱已達180℃的烤箱中烘烤約 10 分鐘。取出切成正方形，排入正方形盤中即可。

羅勒風味胡蘿蔔片佐蝦仁

Nouille de carottes au crevette

將胡蘿蔔刨成法國麵條般的薄片，
創作出一盤可口的沙拉。

材料（2 人份）

胡蘿蔔…1/2 根　蝦仁…6 尾　羅勒葉…約 10片　橄欖油…3 大匙　鹽、胡椒和黑胡椒…各少許

做法

1 用刨片器將胡蘿蔔刨成約厚 0.1 公分 × 寬1.5 公分的麵片狀，放入加了鹽（材料量以外）的滾水中煮至變軟，撈出瀝乾水分，放入盤中。

2 將鹽、胡椒撒在蝦仁上抓拌一下。平底鍋燒熱，倒入 1 大匙橄欖油，等油熱了放入蝦仁煎至香脆，再切成 1.5 公分的小丁，放在做法 1 上。

3 撒上羅勒葉、鹽和黑胡椒，淋入剩下的橄欖油即可。

第戎風味蒸菠菜蛋

Oeufs en cocotte à la dijonnaise

「第戎」可以說是法國芥末醬的代名詞。
試試在香甜可口的鮮奶油中加入芥末醬……

材料（2 人份）

菠菜…1/2 把　杏鮑菇…2 朵　雞蛋…2 顆培根…1 片　白酒…1 大匙多一點　鮮奶油…50 毫升　法式芥末醬…1 小匙　鹽、胡椒…各少許　奶油…2 大匙

做法

1 菠菜切半；杏鮑菇切 1 公分小丁；培根切碎。

2 培根放入鍋中炒上色，加入杏鮑菇、菠菜，續入白酒、鮮奶油和芥末醬，以鹽、胡椒調味。接著倒入容器中，打入雞蛋後用保鮮膜包好，移入蒸鍋，蒸鍋倒入熱水，蓋上鍋蓋以小火隔水蒸約 20 分鐘。

3 奶油倒入小鍋，以中小火加熱至呈褐色即離火（焦化奶油），淋在做法 2 上。

醃綜合蔬菜

Pickles de légume

法國家庭中的常見小菜。
像花椰菜、大頭菜和蘿蔔也很推薦！

材料（10 人份）

紅椒、黃椒…各1個　小黃瓜…2 根　胡蘿蔔…1/2 根　蓮藕…1/2 節　小蕃茄…1 袋　野莒…適量　　醃漬液〔蘋果醋…300 毫升　水…900 毫升　鹽…70 克　大蒜…1 瓣　月桂葉…1 片　紅辣椒…1 根〕　蒔蘿…4 根

做法

1 紅椒、黃椒、小黃瓜和胡蘿蔔都切滾刀塊；蓮藕切成薄片。

2 將醃漬液的所有材料倒入鍋中，煮至即將沸騰時離火。

3 等醃漬液放涼，加入做法 1、小蕃茄，醃漬約 3 天。

4 將醃漬好的蔬菜盛入容器中，以野莒裝飾即可。

巴薩米克醋風味海瓜子大蔥

13

Coquillages et poireau japonais en balsamique

烹調後釋放出香甜的大蔥，
與帕瑪森乳酪風味的香煎海瓜子十分契合。

材料（2 人份）

日本大蔥…1 根　吐完砂的海瓜子…200 克
蕃茄…1/2 個　白酒…50 毫升　巴薩米克醋…
2 大匙　鹽、胡椒…各少許　橄欖油…適量
野苣…適量

做法

1 海瓜子、白酒倒入鍋中，蓋上鍋蓋，煮至
酒精揮發，取出煮汁。

2 平底鍋燒熱，倒入橄欖油，放入大蔥（5
公分長）煎至上色，加入煮汁，蓋上鍋蓋蒸
煮一下。放入海瓜子肉炒，倒入巴薩米克醋，
炒至醋汁變少。

3 蕃茄片排在盤中，撒入鹽、胡椒，放上大
蔥、海瓜子，以野苣裝飾，淋入橄欖油。

炸櫛瓜佐檸檬

14

Friture de courgettes au citron

鮮榨的清新檸檬汁，
將櫛瓜的純粹原味發揮得淋漓盡致。

材料（2 人份）

櫛瓜…1/2 根　鹽、胡椒…各少許　**麵糊**〔低
筋麵粉…適量　蛋液…1 顆份量　麵包粉…適
量〕　檸檬…1/2 個　炸油…適量

做法

1 櫛瓜切成寬 1 公分的薄片。

2 在櫛瓜上撒入鹽、胡椒，依序沾裹低筋麵
粉、蛋液、麵包粉（麵糊）。

3 將沾好麵糊的櫛瓜放入 180℃的油鍋中，
炸至麵糊表面上色。

4 撈出瀝乾油分，放入盤中，放上檸檬角搭
配食用。

酥脆洋蔥餅

15

Beignets de oignon

甘甜的洋蔥魅力無人能抵抗。除了鹽以外，
可隨意搭配黑胡椒、紅椒粉或大蒜粉等享用。

材料（2 人份）

洋蔥…1 個　鹽…適量　麵糊※〔低筋麵粉…
125 克　泡打粉…1/4 小匙　水…180 毫升
蛋白…1 顆份量　橄欖油…1 小匙　鹽、胡椒…
各適量〕　低筋麵粉…適量　炸油…適量
※麵糊份量以容易製作的量即可，剩下來沒用
完的，可以拿來炸蔬菜。

做法

1 將過篩的麵粉、泡打粉、水、鹽、胡椒和
橄欖油拌勻，分 2 次加入打好的蛋白霜（參照
p.148），以刮刀用切拌的方式拌勻成麵糊，冷
藏約 1 小時。

2 洋蔥切成厚 1 公分的圓薄片。

3 洋蔥撒滿麵粉，一半的洋蔥沾裹麵糊（參
照 p.119 的成品照），放入 180℃的油鍋中炸至麵
糊表面呈金黃酥脆。盛盤，撒點鹽即可。

烤茄子、櫛瓜與蕃茄片

16

Tian de aubergines et courgettes

「Tina」是指將薄片蔬菜疊在一起後烘烤，
這是普羅旺斯的名菜。挑選 3 種合味的蔬
菜試試看吧！

材料（2 人份）

茄子…1 根　櫛瓜…1 根　蕃茄…1 個　橄欖
油…2 大匙　鹽、胡椒…各少許　薄荷葉…適
量

做法

1 茄子、櫛瓜和蕃茄都切成厚約 0.5 公分的
圓薄片。

2 烤盤上鋪好烤盤紙，將做法 1 以圓形交疊
方式排列，撒入鹽、胡椒，淋入橄欖油，放
入預熱已達 180℃的烤箱中烘烤約 5 分鐘。

3 將烤好的做法 3 排入盤中，以薄荷葉裝飾
即可享用。

普羅旺斯燉菜
17 Ratatouille

炸花椰菜
18 Choufleur frite

義大利燉飯
19 Risotte

雞高湯煮小扁豆
20 Sautè de lentille

21 炒朝鮮薊
Artichaut à la barigoule

22 布魯塞爾風芽甘藍
Etuvéede chou bruxelles

23 烤紅酒無花果
Figue rôti au vin rouge

24 焦糖杏桃
Caramélise d'abricot

普羅旺斯燉菜

17

Ratatouille

這道菜是將蔬菜料放入南法地方產的蕃茄糊中燉煮而成，不管直接食用，或者當作義大利麵醬汁都可口無比。

材料（3 人份）

紅椒、黃椒…各 1 個　櫛瓜 2 根　茄子…2 根　蕃茄糊…40 克　白酒…1 大匙　大蒜末…1/2 小匙　橄欖油…少許

做法

1 將蔬菜全部切成 1 公分的小丁。

2 將大蒜末、橄欖油倒入鍋中，以小火炒至香味釋出，加入切好的蔬菜料。

3 迅速炒一下後倒入白酒，加入蕃茄糊，蓋上鍋蓋，以小火燉煮約 15 分鐘即可。

炸花椰菜

18

Choufleur frite

炸過的花椰菜甘甜滋味倍增！
現在就來品嘗這道新美食。

材料（2 人份）

花椰菜…4 朵　紅椒、黃椒各…1/2 個　洋蔥…20 克　鯷魚…10 克　綠橄欖…3 個　橄欖油…50 毫升　鹽、胡椒…各少許　炸油…適量

做法

1 花椰菜分成易入口的大小；紅椒、黃椒分別縱切成 4 等分；洋蔥、鯷魚和綠橄欖切成細末。

2 將花椰菜、紅椒和黃椒放入 190℃的油鍋中迅速炸一下，撈出瀝乾油分，放入盤中。

3 平底鍋燒熱，倒入橄欖油，等油熱了放入洋蔥、鯷魚和綠橄欖炒一下，以鹽、胡椒調味，淋在做法 2 上搭配食用。

義大利燉飯

19

Risotte

濃郁的乳酪燉飯也可以當作醬汁，
所以是一道很受歡迎的配菜。

材料（2 人份）

飯…160 克　洋蔥…20 克　培根…15 克　奶油…1 大匙　雞清高湯（參照 p.151）…100 毫升　牛奶…50 毫升　現磨帕瑪森乳酪…10 克　鹽、胡椒…各少許　巴西里末…少許

做法

1 把飯放在篩網上，用熱水迅速洗一下，瀝乾水分；洋蔥、培根切成細碎。

2 將奶油放入鍋中，以小火加熱融化，放入洋蔥、培根炒至柔軟、呈透明。

3 將雞清高湯、牛奶倒入做法 2 中，撒上鹽、胡椒，以中火加熱，等沸騰了加入做法 1 的飯，一邊攪拌一邊煮至再次沸騰。

4 煮至沸騰後離火，加入現磨帕瑪森乳酪拌一下，撒入巴西里末即可享用。

雞高湯煮小扁豆

20

Sautè de lentille

小扁豆是法國奧文尼（Auvergne）地方的特產，常用來製作配菜、湯品。

材料（3 人份）

小扁豆…120 克　洋蔥…20 克　培根…30 克　奶油…1 小匙　雞清高湯（參照 p.151）…150 毫升　月桂葉…1 片　巴西里末…適量

做法

1 小扁豆迅速洗一下後放入鍋中，倒入水（材料量以外）浸泡約 1 小時；洋蔥、培根切成細碎。

2 鍋中放入奶油加熱，加入洋蔥、培根，以小火炒至柔軟、呈透明。

3 加入充分瀝乾水分的小扁豆迅速炒一下，倒入雞清高湯，放入月桂葉，蓋上鍋蓋燉煮約 20 分鐘，至湯汁變少。

4 盛入盤中，撒入巴西里末即可享用。

炒朝鮮薊

21

Artichaut à la barigoule

「Barigoule」是指炒或白酒煮朝鮮薊，這是一道普羅旺斯（Provence）地方的料理。

材料（朝鮮薊 1 個份量）

朝鮮薊…1 個　檸檬…1 個　鹽…1 小匙　橄欖油…1 大匙　培根…15 克　巴西里末…少許

做法

1 朝鮮薊的處理方法可參照 p.168，削除外側的花萼，在花托切口處塗抹檸檬汁以免變色，然後整個花托連同檸檬一起放入加了大量鹽的熱水中煮。煮好之後取出中間的芯，切成 8 等分。

2 培根切成細碎。

3 平底鍋燒熱，倒入橄欖油，等油熱了放入朝鮮薊炒一下，加入培根、巴西里末，翻拌炒好即可享用。

布魯塞爾風芽甘藍

22

Etuvéede chou bruxelles

據說芽甘藍是布魯塞爾（Bruxelles）最先開始栽培的，而這道淳樸風味的料理是以雞清高湯燉煮而成。

材料（2 人份）

芽甘藍…8 個　培根…30 克　白酒…2 小匙　雞清高湯（參照 p.151）…100 毫升　奶油…2 大匙　鹽、胡椒…各少許　平葉巴西里末…少許

做法

1 剝除芽甘藍外層的葉子，在芯的部分切十字（或者縱切對半），以水煮熟了之後泡冷水；培根切厚 0.5 公分的條狀。

2 鍋中倒入一半的奶油加熱，放入培根炒至酥脆，續入芽甘藍迅速炒一下，倒入白酒。

3 倒入雞清高湯，蓋上鍋蓋，煮約 15 分鐘至食材變軟。

4 等做法 3 中的湯汁即將煮乾時加入剩下的奶油，以鹽、胡椒調味，撒入巴西里末即可。

烤紅酒無花果

23

Figue rôti au vin rouge

品嘗無花果時，陣陣紅酒香氣撲鼻而來！

材料（2 人份）

無花果…2 個　紅酒…150 毫升　砂糖…40 克丁香…1 顆　糖粉…少許

做法

1 將紅酒倒入鍋中煮至沸騰，等酒精揮發後加入砂糖和丁香煮至入味。

2 無花果切對半後加入做法 1，蓋上鍋蓋，以小火煮約 5 分鐘，離火，浸漬約 20 分鐘。

3 將做法 2 移至耐熱容器中，撒入糖粉，放入預熱已達 200℃的烤箱中烘烤約 5 分鐘。

焦糖杏桃

24

Caramélise d'abricot

多汁的杏桃和略帶苦味的焦糖奇妙地合而為一，搭配鴨肉、豬肉料理很對味！

材料（2 人份）

杏桃…5 個　細砂糖…80 克　水…2 大匙粗粒黑胡椒…少許

做法

1 杏桃放入滾水中燙一下，取出剝除外皮，切對半，取出果核。

2 將細砂糖倒入鍋中，以中火煮至糖變成焦糖色且看不到糖粒，倒入水、粗粒黑胡椒稍微拌勻，熄火※。

3 等做法 2 涼了放入杏桃即可。

※做法 2 煮焦糖時不要搖動鍋子。此外剛倒入水時會突然沸騰、冒出蒸氣，此時操作要注意，避免被糖漿濺到。

Bread!

在法國人的飲食中，麵包是非常重要
的食物。
那麼，以下就要介紹 4 種最具代表性
的法國麵包。

長棍麵包（Baguette）

外皮酥脆且散發香氣，是長棍麵包的最大魅
力。法國麵包依長度可以分成長棍麵
包（Baguette）、巴黎人（Parisien）
和巴塔（Bâtard）等，而一般
法國家庭最常食用的是
長棍麵包。

鄉村麵包（Pain de campagne）

譯作「鄉村麵包」。相傳這種麵包最先是在巴黎近
郊的鄉村烘焙而成，所以有了這個名字。鄉村麵包
原本是以天然酵母製作再經發酵，現在則有許多人
加入了黑麥或全麥粉製作麵團。麵包本身樸實的風
味吸引了許多愛好者，人氣歷久不衰。

法國人不可缺的主食

　　相信大多數的人都知道麵包是法國人
的主食。在麵包上面塗抹乳酪、果醬，再
搭配一杯加入大量牛奶的咖啡歐蕾（Café
au lait）或紅茶一塊享用，可以說是最典
型的法式早餐。當然，也有許多人在早餐
或午餐食用以大量奶油或雞蛋製作的可頌
（Croissant，也有人稱牛角）或布里歐修
（Brioche）麵包，但大部分人還是選擇口
味樸實的麵包為主，其中尤其以長棍麵包
（Baguette）最受歡迎。這種長棍麵包在剛
出爐時最好吃，放久了會變硬，口感和風
味都變差。所以，不管是早上、中午或晚
上，總是可以看到許多人在麵包店門口排
隊等待長棍麵包出爐，買到最好吃的麵包
大快朵頤。

可頌麵包（Croissant campagne）

將奶油摺疊包入麵團後烘烤而
成的彎月形麵包。如同派般酥
脆的口感，讓許多人愛不釋口。
搭配咖啡或咖啡歐蕾就是一頓
豐盛的早餐！

布里歐修麵包（Brioche）

使用大量的雞蛋、奶油和砂糖烘焙而成的濃郁風味麵包。據說當
年法國的瑪麗皇后曾有句「沒有麵包吃，那給他吃蛋糕呀」的名
言，但有人說這裡的蛋糕，可能是指布里歐修麵包才對。

Tarte au poire

Cake

Gâteau chocolat

Crêpe au fruits

Pain perdu

Compote de pêche

Pomme rôti

Glace à la vanilla

Glace au miel

Glace à la raisin et rhum

Nougat glace

Blanc-manger

Mousse au mangue

Desserts
點 心

洋梨塔

塔皮上填滿了散發奶油香氣的杏仁奶油餡（Crème d'amande），
再搭配多汁的水果，這道甜點格外吸引人的目光。

Chef's advice

製作麵團時千萬不可過度攪拌，以免出筋，失去了酥鬆
的口感。而搭配的餡料，也可選用糖漿煮蘋果、杏桃或
無花果等。

Tarte au poire

材料（直徑 24 公分的塔盤，1 個）

切對半的罐頭洋梨⋯⋯⋯5 個

修庫雷麵團

低筋麵粉⋯⋯⋯⋯⋯⋯ 125 克

無鹽奶油⋯⋯⋯⋯⋯⋯ 60 克

砂糖⋯⋯⋯⋯⋯⋯⋯⋯ 60 克

全蛋液⋯⋯⋯⋯⋯⋯⋯ 25 克

杏仁奶油餡

無鹽奶油⋯⋯⋯⋯⋯⋯ 60 克

砂糖⋯⋯⋯⋯⋯⋯⋯⋯ 60 克

杏仁粉⋯⋯⋯⋯⋯⋯⋯ 55 克

雞蛋⋯⋯⋯⋯⋯⋯⋯⋯ 1 顆

裝飾

杏仁片⋯⋯⋯⋯⋯⋯⋯ 40 克

鏡面果膠※⋯⋯⋯⋯⋯ 30 克

開心果碎⋯⋯⋯⋯⋯⋯ 適量

※鏡面果膠（nappage）是以果膠或果汁、水麥芽為原料，刷在裝飾糕餅的水果上，則表面會更顯光澤，如果買不到的話，不使用也無妨。

準備工作

參照 p.146 修庫雷塔皮（Pâte sucrée）的做法完成塔皮麵團，放入冰箱冷藏鬆弛約 3 小時。

做法

1 撒一些手粉（材料量以外）在工作檯面上，放上鬆弛好的麵團，以擀麵棍將麵團均勻地擀成約 0.2 公分厚。

2 塔盤塗抹薄薄的奶油（材料量以外），將塔皮鋪放在塔盤上，用手輕輕按壓邊緣和底部接合處的塔皮，使塔皮完全附著在塔盤上。

3 以擀麵棍從塔盤上方擀過去，切掉多餘的塔皮。

4 用叉子在塔皮底部均勻地戳出小洞，鋪入烤盤紙，放入重石或烘焙豆，整個塔盤移入預熱已達 170℃的烤箱中烘烤約 8 分鐘，進行盲烤。

5 製作杏仁奶油餡。奶油放在室溫下軟化，然後將砂糖加入奶油中，以打蛋器仔細攪拌至看不到顆粒。

6 杏仁粉加入做法 5 中，以木匙混合。

7 蛋打入做法 6 中拌勻，完成杏仁奶油餡。

8 將杏仁奶油餡以畫圈的方式填滿做法 4 的塔皮中，鋪上切成薄片的洋梨，撒上杏仁片。

9 將塔盤放入預熱已達 170℃的烤箱中烘烤約 25 分鐘。

10 取出塔盤，等涼了之後可隨個人喜好刷上鏡面果膠。洋梨塔脫模之後切成 8 等分，排入盤中，撒入開心果碎即可享用。

水果磅蛋糕

這個奶油蛋糕中滿滿的水果乾與核果。
由於使用各 1 磅的麵粉、奶油、砂糖和雞蛋為原料烘焙而成，所以叫作磅蛋糕。

Chef's advice

由於蛋糕是利用蛋打發起泡的特性而膨脹，所以要注意
打發的程度。另一個製作重點是，混合材料時要迅速，
以避免麵糊消泡。

Cake

材料（8×30×5公分的磅
蛋糕模型，1個）

全蛋 ……………………4 顆
細砂糖 ………………… 140 克
低筋麵粉 ……………… 140 克
無鹽奶油 ……………… 150 克
葡萄乾 ……………………50 克
黑櫻桃酒漬櫻桃 ……… 40 克
核桃 ……………………… 40 克

裝飾
糖粉 ……………………適量
薄荷葉 …………………適量

準備工作

製作蛋糕的前一天，將葡萄乾以糖漿或
蘭姆酒先浸泡約 1 天。

做法

1 將櫻桃大略切塊狀；核桃放入平底鍋
輕輕地乾炒一下；奶油隔水加熱融化。

2 將全蛋打入盆中攪勻，加入細砂糖，
以打蛋器或手持攪拌器攪拌至呈現泛白
且膨鬆的狀態。

3 一點一點地加入過篩好的低筋麵粉，
拌勻至看不見粉粒。

4 加入融化了的奶油，為了避免消泡，
用刮刀以切拌的方式迅速混合。

5 將葡萄乾、櫻桃和核桃加入做法 4 的
麵糊中混勻。

6 在模型中鋪好烘焙紙，或者在模型內
側塗抹少許奶油（材料量以外），撒上
一層薄薄的麵粉（材料量以外），將麵
糊倒入模型中。

7 將模型從距離桌面一點距離的高度輕
敲桌面，趕出麵糊中的氣泡，放入預熱
已達 180℃的烤箱中烘烤約 25 分鐘。

8 將蛋糕脫膜，切成適當的厚度排入盤
中，依個人喜好以薄荷葉裝飾，再撒入
些許糖粉即可享用。

巧克力蛋糕

擁有濕潤柔滑、入口即化的口感，絕對非巧克力莫屬了。
甜與微苦的巧妙平衡加上濃郁的風味，正是這款蛋糕的魅力之處。

Chef's advice

蛋白需打成極為細緻的蛋白霜，混合
麵糊時要迅速，以避免麵糊消泡。此
外，加入栗子或堅果另有一番風味。

Gâteau chocolat

材料（直徑 22 公分的圓
模，1 個）

巧克力 ························· 140 克

無鹽奶油 ··················· 140 克

雞蛋（蛋白和蛋黃先分開）

···································· 6 顆

細砂糖 ························· 260 克

鮮奶油 ························· 140 克

低筋麵粉 ······················ 50 克

可可粉 ························· 100 克

裝飾

可可粉 ··························· 適量

打至七分發的鮮奶油※··· 適量

蛋白霜餅 ······················· 適量

薄荷葉 ··························· 適量

※七分發的鮮奶油是指舀起鮮奶
油，鮮奶油往下掉落後會留下痕
跡。

做法

1 將巧克力、奶油倒入盆中，以隔水加
熱的方式融化，備用。

2 將蛋黃放入另一個盆中，倒入一半的
細砂糖，以打蛋器攪拌至顏色變白。

3 將做法 2 倒入做法 1 中，再加入過篩
了的低筋麵粉、可可粉拌勻。

4 將鮮奶油加入做法 3 拌勻。

5 將蛋白倒入另一個乾淨、無任何水
分和油脂的盆中，先攪拌至蛋白起粗泡
沫，再將剩餘的細砂糖分成 2～3 次加
入蛋白中打發，打至以打蛋器舀起蛋白
霜，蛋白霜的尖端朝上、出現小尖角的
狀態。

6 將打好的蛋白霜一點點地加入做法 4
中，以刮刀從盆底往上的方式混拌，避
免蛋白消泡，完成麵糊。

7 在模型中鋪好烘焙紙，或者在模型內
側塗抹少許奶油（材料量以外），撒上
薄薄的麵粉（材料量以外），將麵糊倒
入模型，將模型從距離桌面一點距離的
高度輕敲桌面，趕出麵糊中的氣泡。

8 放入預熱已達 180℃的烤箱中烘烤約
40 分鐘。

9 蛋糕冷卻後脫膜，切成適當的大小排
入盤中，依個人喜好可撒入可可粉、鮮
奶油，或者搭配蛋白霜餅食用，以薄荷
葉裝飾。

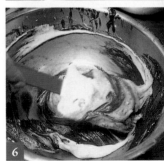

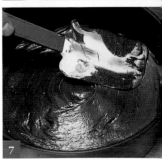

可麗餅佐水果
Crêpe au fruits

可麗餅源自布列塔尼（Bretagne）地區，最初是使用蕎麥粉製作成的薄餅。
在餅皮裡放入餡料折疊包起，或者簡單地將餡料直接放在餅皮上食用。

材料（4 人份）

麵糊		藍莓	16 個
牛奶	500 毫升	覆盆子	8 個
無鹽奶油	40 克	奇異果	1/2 個
細砂糖	50 克	卡士達醬（參照 p.147）	80 克
全蛋	4 顆	裝飾	
低筋麵粉	150 克	楊桃	適量
沙拉油	適量	覆盆子醬	適量
草莓	4 個	英式奶油醬（參照 p.147）	適量

Chef's advice

煎餅皮時，將麵糊舀入鍋中，趁麵糊未凝固前手握鍋柄旋轉，使麵糊能佈滿整個鍋面，加熱至餅皮邊緣微微出現焦色，翻起餅皮顏色若呈淡淡的茶色即可翻面，另一面煎約 15 秒起鍋。

做法

1 將牛奶倒入鍋中加熱，煮至出現小泡泡時離火，倒入盆中。

2 奶油隔水加熱融化，倒入做法 1 中混合，加入細砂糖、全蛋液和低筋麵粉，攪拌至麵粉都融入麵糊中，分成 4 份。

3 平底鍋預熱，沾沙拉油均勻地塗抹在鍋子表面（例如用餐巾紙），等鍋熱後將平底鍋放在濕毛巾上面冷卻，舀 1 份麵糊入鍋中，將麵糊煎成餅皮。

4 草莓去掉蒂頭切薄片；奇異果切薄片。將冷卻了的餅皮攤開，舀入卡士達醬，放上水果，拉起餅皮四邊折疊包起。

5 排入盤中，可以搭配英式奶油醬、覆盆子醬和楊桃一塊享用。

法式吐司
Pain perdu

「Pain perdu」是指法式吐司。
煎至微焦的麵包搭配微苦的焦糖醬汁，真是絕配呀！

材料（3 人份）

		焦糖醬汁	
法國麵包（3公分厚）…6 片		砂糖 …………………… 100 克	
全蛋 ………………… 2 顆		蜂蜜 …………………… 1 大匙	
蜂蜜 ………………… 4 大匙		水 …………………… 100 毫升	
牛奶 ………………… 150 毫升		鮮奶油 ………………… 2 大匙	
鮮奶油 ……………… 100 毫升		裝飾	
奶油 ………………… 1 大匙		糖粉 …………………… 適量	
切對半的罐頭洋梨 …… 2 片			

做法

1 將全蛋、蜂蜜、牛奶和鮮奶油倒入盆
中混勻，然後放入麵包浸一下。

2 平底鍋燒熱，放入奶油，等油熱了放
入做法 1 的麵包煎至兩面焦脆，然後放
入盤中。

3 製作焦糖醬汁：將砂糖、蜂蜜和一半
的水倒入鍋中加熱，等糖融化成棕色時
倒入剩下的水，離火，加入鮮奶油拌勻。

4 將焦糖醬汁淋在做法 2 上，撒些許糖
粉即可享用。

糖煮水蜜桃
Compote de pêche

「compote」是指用糖漿煮水果這種歐洲傳統的甜點。
冰涼吃美味無比！

材料（4 人份）

水蜜桃	4 個	喜歡的香甜酒（櫻桃酒、	
水	250 毫升	水蜜桃甜酒等）	10 毫升
砂糖	80 克	裝飾	
丁香	1 顆	薄荷葉	適量

做法

1 水蜜桃放入滾水中燙一下，撈出去
皮，切對半後取出果核，放入密封容
器中。

2 將水、砂糖、丁香和利口酒倒入鍋
中加熱，當煮至沸騰時放入水蜜桃燉
煮一下。

3 將做法 2 在室溫下放涼，然後放入
冰箱冷藏半天以上。

4 盛入盤中，擺上薄荷葉裝飾。

烤蘋果
Pomme rôti

只要將整個蘋果以烤箱烘烤，就完成了的超簡單點心。
可愛的外型深得女性喜愛！

材料（2 人份）

蘋果	2 個	裝飾	
無鹽奶油	4 小匙	糖粉	適量
白酒	少許	薄荷葉	適量
砂糖	少許	覆盆子醬	適量

Chef's advice

建議使用帶點酸味的蘋果（像是
紅玉）來製作。微甜且爽口的酸
味搭配烤至焦香的蘋果十分適
合，與冰淇淋一起品嘗更添風味。

做法

1 蘋果取出果核，不削除外皮，放在耐
熱容器上。

2 將每 1 個蘋果的果核空洞填入 2 小匙
奶油，撒入白酒、砂糖。

3 放入預熱已達 180℃ 的烤箱中烘烤
40 ～ 50 分鐘。

4 將蘋果排入盤中，撒上些許糖粉，以
薄荷葉、覆盆子醬裝飾即可享用。

蜂蜜冰淇淋

Glace au miel

嘗一口冰淇淋，
蜂蜜的香甜瀰漫在口中！

材料（8 人份）

蛋黃	4 顆份量	牛奶	220 毫升
細砂糖	30 克	鮮奶油	125 毫升
蜂蜜	100 克		

做法

1 將蛋黃、細砂糖倒入盆中，以打蛋器攪拌至微白。

2 參照 p.139 冰淇淋的做法 3～4，完成冰淇淋液。

3 將冰淇淋液過濾回盆中，盆子底下墊一盆冰水降溫，再將冰淇淋液倒入冰淇淋機中攪拌 15～20 分鐘（也可倒入鋼盆，冷凍冰硬，每隔 1 小時取出用電動攪拌器攪拌，操作共需 4～5 小時，再冰硬）。

4 將冰淇淋舀入盤中。

蘭姆葡萄乾冰淇淋

Glace à la raisin et rhum

醉人的蘭姆酒香，屬於成人口味的冰淇淋。

材料（8 人份）

蛋黃	5 顆份量	香草豆莢	1/2 根
細砂糖	100 克	葡萄乾	120 克
牛奶	220 毫升	深色蘭姆酒	50 毫升
鮮奶油	200 毫升		

做法

1 將蘭姆酒倒入鍋中，放入葡萄乾泡至軟脹。

2 參照 p.139 冰淇淋的做法 3～4，完成冰淇淋液。

3 將冰淇淋液過濾回盆中，盆子底下墊一盆冰水降溫，再將冰淇淋液倒入冰淇淋機中攪拌 15～20 分鐘（也可倒入鋼盆，冷凍冰硬，每隔 1 小時取出用電動攪拌器攪拌，操作共需 4～5 小時，再冰硬）。

4 將冰淇淋舀入盤中。

法式牛軋糖冰淇淋
Nougat glace

酥脆的牛軋糖和開心果，
替這款冰淇淋更添畫龍點睛之妙！

材料（8 人份）

蛋黃	5 顆份量	牛軋糖	
細砂糖	100 克	水麥芽	40 克
牛奶	220 毫升	細砂糖	40 克
鮮奶油	200 毫升	杏仁片	50 克
香草豆莢	1/2 根	沙拉油	適量
開心果	20 克		

做法

1 製作牛軋糖：水麥芽倒入鍋中加熱，加入細砂糖，煮至水分收乾（約達 160℃，注意不要燙傷）。

2 等糖變成棕色，加入杏仁片混合，倒入鋪上專用墊、烘焙烤墊或均勻塗抹油的平盤上，用湯匙壓平。

3 等凝固了，先預留一些裝飾用的牛軋糖，其他用布包好後壓碎，開心果切細碎。

4 參照 p.139 冰淇淋的做法 1 ～ 5 做好冰淇淋。

5 將冰淇淋和牛軋糖、開心果混合。

6 將冰淇淋舀入盤中，添加裝飾用的牛軋糖即可享用。

法式杏仁牛奶凍

「Blanc-manger」在法文中是白色食物的意思。
除了杏仁之外，改用芝麻也很合適。

Blanc-manger

材料（布丁杯 8 個）

牛奶···················· 500 毫升
細砂糖 ··················· 100 克
帶皮杏仁粉·············· 100 克
吉利丁片············· 16 ~ 18 克
鮮奶油 ················· 125 毫升
喜歡的香甜酒（例如杏仁酒）
··················· 少許

裝飾
覆盆子 ···················· 適量
英式奶油醬（參照 p.147）·· 適量
薄荷葉 ···················· 適量

做法

1 將吉利丁片放入冷水中泡軟（參照 p.148）。

2 將牛奶倒入鍋中煮沸，放入擠乾水分的吉利丁片、細砂糖、杏仁粉煮至溶化，再蓋上鍋蓋燜約 5 分鐘。

3 將做法 2 以粗孔的篩網過篩入盆中。

4 將打至七分發的鮮奶油（是指舀起鮮奶油，鮮奶油往下掉落後會留下痕跡）、香甜酒加入做法 3 拌勻。

5 將做法 4 倒入模型中，放入冰箱冷藏半天至凝固。

6 舀入盤中，倒入英式奶油醬，以覆盆子、薄荷葉裝飾。

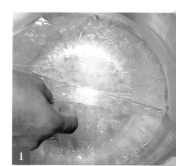

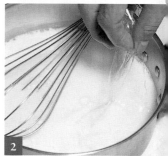

Chef's advice

這裡是將這道點心看作杏仁豆腐，所以加入杏仁酒，你也可以加入自己喜歡的其他香甜酒，不喜歡酒味的人不加入也沒關係。杏仁粉加入後還要經過蒸的步驟，是為了讓它能完全溶化，增添滑嫩口感。

製作甜點的基本技巧

布里階麵團的做法與烤焙

材料（直徑 24 公分的塔盤 2 個）

低筋麵粉	220 克
奶油	130 克
砂糖	8 克
鹽	5 克
全蛋	1 顆
牛奶	1 大匙

準備工作

所有材料放入冰箱冷藏。

製作麵團

1 將已過篩的低筋麵粉、切碎的奶油丁放入鋼盆中，用指尖將麵粉搓揉至看不見奶油丁，呈麵包粉狀態，加入砂糖和鹽，用雙手慢慢將所有材料混勻。

2 在中間做一個小洞，加入蛋液、牛奶混合。

3 以手充分混合拌勻。

4 當混拌快成團時，可稍微搓揉使其成團（避免過度搓揉）。

5 用保鮮膜包住麵團，放入冰箱冷藏鬆弛約 3 小時。

使用食物調理機製作更簡單！

將低筋麵粉、奶油丁倒入調理機中打碎，加入鹽、砂糖後再攪打幾秒，接著一邊加入蛋液和牛奶，一邊使調理機間歇運作，直到蛋液和牛奶完全融入麵團中，成團。

麵團入模，烘烤

6 將麵團放在撒了手粉的工作檯上，擀成約 0.2～0.3 公分厚。

7 利用擀麵棍將塔皮鋪在塗抹薄薄奶油的塔盤上，使塔皮完全貼合在塔盤上。

製作精緻的點心時，基本技巧是最重要的。
以下要介紹甜點的基礎——麵團和醬汁的做法。

❀ 卡士達醬（Custard Cream）的做法

材料（約 700 克）

蛋黃	5 顆份量
砂糖	125 克
低筋麵粉	25 克
玉米粉	25 克
牛奶	500 毫升

3 將做法 2 倒入鍋中，倒入加熱至人體肌溫的牛奶，充分混合。

1 將蛋黃、砂糖放入鋼盆中，以打蛋器充分攪打至蛋黃液變白。

4 以小火加熱，以木匙持續攪拌至變得濃稠。

2 篩入低筋麵粉、玉米粉拌勻。

5 攪拌至更濃稠狀態就完成了。

8 以擀麵棍從塔盤上方擀過去，切掉多餘的塔皮。

9 用叉子在塔皮底部均勻地戳出小洞。

10 放入重石或烘焙豆，移入預熱已達 180℃的烤箱中烘烤約 25 分鐘。

❀ 英式奶油醬（Crème anglaise）的做法

材料（約 400 克）

蛋黃	2 顆份量
砂糖	70 克
牛奶	300 毫升
香草豆莢	1/2 根

香草豆莢縱向切開，刮出香草籽。在卡士達醬的做法 2 篩入低筋麵粉、玉米粉這裡，改成加入香草籽取代這兩種粉，其餘做法都相同。

高湯與醬汁

在一般人眼中，法國料理因其無比鮮美、變化多端的醬汁而聞名於世。
以下介紹這些醬汁的基礎：高湯。

基本高湯：清高湯（Bouillon）和高湯（Fond）

法國料理中的高湯，可分為清高湯（Bouillon）、高湯（Fond）兩種。清高湯主要是用來烹調湯品，而高湯則是用在調配醬汁和燉煮料理。相較於高湯，清高湯的風味與香氣比較清淡，而高湯則相當濃郁醇厚。通常烹調時，先用褐色高湯把材料炒過之後再燉煮，白色高湯則是直接加入食材裡，一起入鍋燉煮。

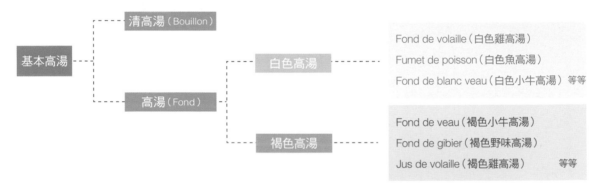

基本醬汁

大家對醬汁的基本認識，不外乎是提味、增添色澤，以及讓料理更完美等。因此，肉料理搭配肉高湯、魚料理搭配魚高湯來調製醬汁，已經成了鐵則。不過，近來出現許多不使用高湯調製的新式醬汁。所以，若能活用調配的基本規則，調製出新醬汁，讓醬汁和料理更融合，必能呈現出料理的新風貌。

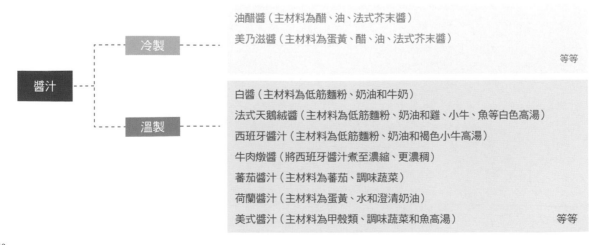

雞清高湯
Bouillon de volaille

這是利用雞架骨熬成，最受大家喜愛的高湯。
可以用作醬汁、湯品的基底湯汁，是超多用途的黃金色高湯。

材料（約 1 公升）

雞架骨	1 副	巴西里的梗	2 根
洋蔥	100 克	水	1500 毫升
胡蘿蔔	50 克	鹽	1 撮
西洋芹	10 克	胡椒	適量
月桂葉	1 片		

做法

1 清除雞架骨上附著的油脂，取出內臟後洗淨。

2 洋蔥切薄片；胡蘿蔔連皮切成 0.2 ～ 0.3 公分厚的圓薄片。

3 將處理好的雞架骨、水和鹽倒入湯鍋中加熱。

4 煮沸之後撈除湯汁表面的浮末。

5 接著加入洋蔥、胡蘿蔔、西洋芹、月桂葉、巴西里的梗和胡椒，以小火煮約 45 分鐘。湯汁表面一出現浮末就要立刻撈除。

6 最後將煮好的湯汁過濾即可。

超級方便的市售商品

自製高湯的鮮美雖然難以取代，不過，如果你只是用到少量或者臨時需要時，這時再來做就很麻煩了。此時不妨靈活運用市售的高湯產品，不管是顆粒狀、塊狀或液體，都很方便。

白醬
Sauce béchamel

製作這道白醬時，奶油要一點點地加入溫牛奶中攪拌，可以避免結團，完成柔滑的質感。
「béchamel」這個字的語源還沒有定論，最有可能的是指人名。

材料（約500毫升）

奶油……………………… 100 克
低筋麵粉………………… 100 克
牛奶……………………… 800 毫升

做法

1 將室溫下軟化的奶油放入盆中，篩入低筋麵粉。

2 以木匙攪拌至滑順。

3 將牛奶倒入鍋中煮沸，轉小火，同時一點點地加入做法2，每一次加入都要用打蛋器充分拌勻，才能再繼續加入。

4 等醬汁冒小泡泡，火再轉小一點，一邊攪拌一邊持續煮約10分鐘即可。

適合搭配哪一種料理？

肉與海鮮料理等

白醬變化款

乳酪白醬

材料（約 70 毫升）

白醬······················50 毫升
鮮奶油·····················2 小匙
現磨帕瑪森乳酪··········20 克

做法

將白醬倒入鍋中稍微加熱，加入鮮奶油、現磨帕瑪森乳酪充分拌勻即可。

適合搭配哪一種料理？

肉與海鮮料理等

辛辣風味白醬

材料（約 60 毫升）

白醬······················50 毫升
鮮奶油·····················2 小匙
牛角椒粉（Cayenne pepper）
······························少許

做法

將白醬倒入鍋中稍微加熱，加入鮮奶油拌勻，然後加入適量的牛角椒粉（卡宴辣椒粉）調味，最後拌勻即可。

適合搭配哪一種料理？

肉與海鮮料理等

翡翠白醬

材料（約 80 毫升）

白醬······················50 毫升
鮮奶油····················20 毫升
菠菜（水煮後過濾成泥）
······························10 克

做法

將白醬倒入鍋中稍微加熱，加入鮮奶油、菠菜泥充分拌勻即可。

適合搭配哪一種料理？

肉與海鮮料理等

咖哩白醬

材料（約 60 毫升）

白醬······················50 毫升
咖哩粉·················1/2 小匙
鳳梨汁·····················2 小匙

做法

將白醬倒入鍋中稍微加熱，加入鳳梨汁拌勻，然後加入咖哩粉充分拌勻即可。

適合搭配哪一種料理？

肉與海鮮料理等

蕃茄醬汁
Sauce tomate

這是將蕃茄長久的燉煮，使它的美味濃縮而成的鮮美醬汁。
不論搭配肉類、魚類或米飯等料理都很契合，用途極廣。不妨做好大量保存起來。

材料（約 1.5 公升）

蒜末	1 瓣份量
洋蔥碎	160 克
整顆蕃茄（罐頭）	2 公斤
水	240 毫升
鹽	1½ 大匙
橄欖油	80 毫升

做法

1 鍋燒熱，倒入橄欖油，等油熱了加入蒜末，以小火加熱。

2 直到蒜末散發出香氣，加入洋蔥碎繼續炒。

3 煮至洋蔥碎呈透明，加入蕃茄和水，煮至沸騰後撈出湯汁表面的浮末，改成小火，蓋上鍋蓋煮約 2 小時。

4 加入鹽調味即可。

適合搭配哪一種料理？

義大利麵、肉、海鮮和炸的料理等

其餘搭配的醬汁

羅勒醬

材料（約 300 毫升）

羅勒末 ·············· 60 克
平葉巴西里末 ······· 20 克
橄欖油 ·············· 250 毫升
檸檬汁 ·············· 少許

適合搭配哪一種料理？

肉料理、沙拉和炸的料理等

做法

將所有材料混合拌勻即可。

考克醬

材料（約 250 毫升）

美乃滋 ·············· 120 毫升
蕃茄醬 ·············· 80 毫升
鮮奶油 ·············· 40 毫升
紅椒粉 ·············· 少許

適合搭配哪一種料理？

蝦子、生蠔海鮮料理等

做法

將所有材料混合拌勻即可。

葡萄柚醬汁

材料（約 250 毫升）

葡萄柚汁 ············ 150 毫升
香檳醋 ·············· 3 大匙
橄欖油 ·············· 100 毫升

適合搭配哪一種料理？

花枝、干貝等海鮮料理等

做法

將葡萄柚汁稍微煮至濃縮，加入其他材料拌勻即可。

法式海鮮醬汁

材料（約 250 毫升）

洋蔥碎 ·············· 40 克
橄欖油 ·············· 100 毫升
蒜末 ················ 1 小匙
去皮蕃茄丁 ·········· 100 克
平葉巴西里末 ········ 5 克
葡萄柚汁 ············ 少許

適合搭配哪一種料理？

海鮮沙拉等

做法

將所有材料混合拌勻即可。

大蒜香草奶油醬

材料（約 150 毫升）

奶油 ················ 100 克
洋蔥碎 ·············· 20 克
蒜泥 ················ 1 小匙
平葉巴西里末 ········ 少許
細香蔥末 ············ 少許
帶籽芥末醬 ·········· 2 小匙
鹽、白蘭地、檸檬汁 ·· 各少許

做法

將所有材料加入室溫下軟化的奶油中，混合拌勻即可。

適合搭配哪一種料理？

肉料理等

法式酸辣醬

材料（約 350 毫升）

紅蔥末 ·············· 50 克
蒜末 ················ 5 克
巴西里末 ············ 15 克
胡蔥末 ·············· 10 克
酸黃瓜末 ············ 60 克
酸豆末 ·············· 25 克
茵陳蒿 ·············· 5 克
橄欖油 ·············· 200 毫升

做法

將所有材料混合拌勻即可。

適合搭配哪一種料理？

肉、海鮮沙拉等

學習主廚的排盤技巧

從宮廷料理發展而來的法國料理，呈現出的精緻藝術性更是最吸引人之處。
接下來，我們要向主廚學習一般在家庭也能學會的藝術擺盤法！

堆疊

這是最簡單就能學會的技巧之一。將總是一成不變盛在盤子裡的菜，一層隔著一層疊出高度，或者層層堆疊，再整型成一朵花的形狀，搖身一變成為菜單上高雅的一品。

p.106

豬肉白菜千層派

在這道絞肉與白菜層疊擺盤的料理中，不需要繁複地包捲，也不必整成圓形，就能營造出蛋糕般的優雅姿態。

p.115

烤蕃茄火腿千層派

把老是橫著排放的蕃茄片也堆疊起來，活用蕃茄的外形，輕鬆創造不同的樂趣。

p.30

鹽漬鱈魚與馬鈴薯抹醬

只要將馬鈴薯抹醬與炸馬鈴薯片一層隔著一層堆疊，令人眼睛為之一亮。

p.119

烤茄子、櫛瓜與蕃茄片

將蔬菜裝飾成花朵，絕對讓人一眼難忘。

烤羊肉蘆筍串

這是一道把綠蘆筍當成竹籤用的有趣擺盤！沒有切斷，直接整根使用，卻出人意料之外地吸引人。

p.115

佛羅倫斯焗生蠔

p.70

用生蠔殼當作容器。在生蠔底下鋪上岩鹽，製造出彷彿生蠔在碎冰上的情景。

善用食材的形狀

不論是改變刀工、整個直接上菜的強烈印象、搭配食器，或者其他特殊的排盤……普通料理不曾運用、意想不到的呈現，反而能讓人感受到愉悅。總之，一個好點子使排盤更多變。

酥脆洋蔥餅

p.119

洋蔥料理都是切成梳子形，這裡則是切成圓薄片，更加凸顯洋蔥內部如同一幅畫般的漩渦。只有一半的洋蔥沾裹麵糊，營造出兩邊的不同風情。

炸豬肉鳳梨

在炸豬肉上面插上一片鼠尾草，營造出一股水果般的可愛氛圍。

p.107

p.69

咖哩風味炸沙丁魚

如揚帆般的翠綠羅勒葉，讓料理更生動出色。

香草點綴

當盤中只有料理略顯單調時，許多人會加入香草點綴。這可不是只有「配菜」的效果，更是為了吸引他人目光。綴以一小支香草，盤中世界變得更加多彩多姿。

學習主廚的排盤技巧

利用模具

料理只要經過脫模、填入模具再整型的步驟,便能襯托出高尚優雅的氣質。相信除了以下要介紹的湯匙、玻璃杯或空心圓模之外,動動腦筋,你會發現還有許多東西可以運用!

蔬菜凍

將蔬菜直接排入玻璃杯中,不僅絲毫不費力、食材不易壓碎,還能優雅地陳列在桌面上。

p.14

使用玻璃杯

p.118

醃綜合蔬菜

醃綜合蔬菜運用玻璃杯中盛裝,成品宛如點心般美不勝收。

利用空心圓模來固定

p.104

牛絞肉、蕃茄與茄子塔

填入空心圓模中再稍微整型,即使不是奢侈的食材,也能營造出高級的氛圍。沒有空心圓模的話,使用小容器塑性也 OK。

煙燻鮭魚慕斯

不用特別的工具,只要拿湯匙當作模型,就能創作出高尚的擺飾。冰淇淋、慕斯都能善加利用。

p.28

使用湯匙

p.135

法式吐司

滿滿的焦糖醬汁讓點心看起來更豐盛，美味
度大增！

淋醬呈波浪形狀

淋醬呈點點形狀

p.24

酪梨蝦仁鑲蕃茄

沒想到在盤面上淋入橄欖油，也能充分發揮
裝飾的效果。

可麗餅佐水果

將鮮紅的覆盆子醬沿著可麗餅周圍淋入，營造出花朵綻
放時的華麗氛圍。

p.134

淋醬汁的小訣竅

在法國料理中，醬汁是展現出高雅格調的技巧之一。
隨著淋醬方式的不同呈現，盤中的藝術世界更是無限寬
廣。你也試試看吧！

p.16

馬賽魚凍

盤中的油醋醬並非隨意
淋上，而是優雅地點綴
著，發揮了盤飾的最大
效果。

食材的處理與準備

舌比目魚的處理（切片）

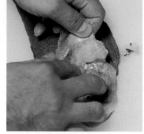

1 將表面的魚皮從頭部開始剝除。別忘了在指尖抹點鹽以免黏滑。

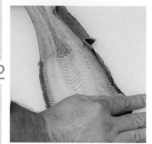

2 一口氣將魚皮剝除到尾巴。

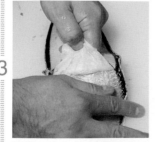

3 將背面的魚皮也剝除。

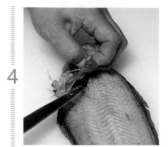

4 將刀刃刺入，去除鰓和內臟。

5 將魚肉切成 2 等分，用廚房用剪刀剪掉魚鰭附近的肉。

石狗公的處理

1 將刀背從魚尾往魚頭一邊慢慢移動，一邊刮除魚鱗。若有刮魚鱗器的話，可以直接使用。

2 以刀刃劃開魚腹部。

3 從腹部取出內臟。

烹調法國料理時，並非都使用魚片，也有利用整尾魚烹調的，或者出現平日少見的食材。
接下來要介紹處理食材的方法。

✿ 剝除龍蝦殼

4 打開鰓蓋，刀刃切入，將魚鰓切除。

5 取出魚鰓，將魚腹部清洗乾淨，然後擦乾。

1 以菜刀的刀尖切入龍蝦頭身之間。

2 將身體和頭部分開。

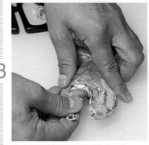

3 先拉出螯足較短的部分。

4 將廚房用剪刀從剩下螯足部分剪開，取出龍蝦肉。

5 將廚房用剪刀從身體側部剪開。

6 沿剪痕剝開殼，取出裡面的龍蝦肉。

食材的處理與準備

❀ 朝鮮薊的處理

1 朝鮮薊的莖部折斷。

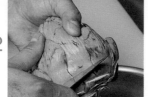

2 用菜刀或小刀沿著外側的花萼削除。

3 削掉粗硬的花萼後,從朝鮮薊的 2/3 處切下。

4 將芯的側面修圓,修整形狀。

5 為了避免朝鮮薊變色,以檸檬汁仔細塗抹切面處。

6 將檸檬片放入熱水中,放入朝鮮薊煮 5 ～ 10 分鐘至變軟。

7 取出煮軟的朝鮮薊,等涼了之後,用湯匙刮除細毛。

❀ 製作香草束

1 用西洋芹的莖將百里香、巴西里的梗和月桂葉包好。也可以使用韭蔥葉來包。

2 用線一圈圈綁好,以免香草脫落。

La connaissance de la cuisine française

法國料理文化小事典

國王帶動了法國廚藝的發展

據說法國的波旁（Bourbon）王朝，是法國文化開花結果的時代。
傳統的法國料理，也是在這個時期成立的。
或者說，沒有權傾天下的國王帶動，就沒有辦法發展出奢華至極的烹飪文化。

西元 1533 年，亨利 2 世（Henri II）從義大利的富豪麥迪奇家中迎娶了卡特莉娜·麥迪奇（Catherine de Médicis）。陪嫁的大批專業廚師，把烹飪技術和餐桌文化帶進法國王宮，從此開啟了以豪華為特色的傳統法國料理歷史。除了波旁王朝本身以外，在哈布斯堡家族的帶動下，烹飪文化更是遠傳到俄羅斯、德意志等地。從此確立了以多彩的醬料、珍貴的食材為基礎的法式美食世界。

到了西元 18 世紀，法國大革命爆發之後，王公貴族遭到處決或流放，結束了貴族文化。原本在宮廷就業的廚師回到民間開設餐館，創造了能讓平民享受的烹飪文化。在 19 世紀，法國又引進了俄式的服務方式，使飲食文化產生巨大變遷。到了 20 世紀，名廚奧古斯特·埃斯科菲耶（Georges Auguste Escoffier）出道，建立套餐體系，堅固了法國料理的烹飪法則。

雖然說法國料理會隨著時代的變化而演進，但是法國料理能夠一路領先其他各國，要歸功於 16 世紀王公貴族窮極奢華的研究。在那個以國王或皇后名義創造新菜色的時代裡，政治和烹飪有密切的關係。而這也是在討論法國料理時，絕對不能忽略的一段時代。

直到現在，國際間在舉辦皇室儀禮、外交儀式時，時常會採用法國料理，由此可見法國料理多麼受到國際間的認同。

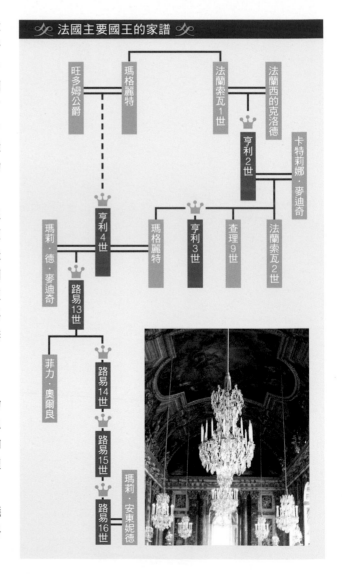

法國主要國王的家譜

旺多姆公爵 — 瑪格麗特

法蘭索瓦 1 世 — 法蘭西的克洛德

亨利 2 世 — 卡特莉娜·麥迪奇

瑪莉·德·麥迪奇 — 亨利 4 世

瑪格麗特　亨利 3 世　查理 9 世　法蘭索瓦 2 世

路易 13 世

菲力·奧爾良　路易 14 世

路易 15 世

路易 16 世 — 瑪莉·安東妮德

帶動法國料理繁榮興盛的國王

亨利 2 世
Henri II，1519 ～ 1559 年

第十任法國國王。迎娶麥迪奇家族的卡特莉娜・麥迪奇。當時義大利正處於飲食文化的巔峰時期，也多虧了義大利的麥迪奇家族，使法國宮廷菜一舉變得豪華。卡特莉娜向法國引進了香料，也把刨冰的製作法傳進法國王宮。據說當年亨利 2 世在試吃刨冰時大表感動。

亨利 4 世
Henri IV，1553 ～ 1610 年

波旁王朝的第一任國王，是廣受人民愛戴的明君。他在法國宗教戰爭中立下大功，奠定了法國絕對君主制度的基礎。他的另一項著名功績，是建設塞納河新橋。亨利 4 世特別喜好生蠔，曾經嘗試用檸檬汁滴在生蠔，或者焗烤生蠔，是個講究吃的國君。

路易 14 世
Louis XIV，1638 ～ 1715 年

波旁王朝的第三任國王，妻子是西班牙王菲利普 4 世（Felipe IV）的女兒瑪麗亞・泰瑞莎（Marie Thérèse）。他是波旁王朝鼎盛期的國王，曾留下名言「朕即國家」，外號為太陽王。生前緋聞不斷，曾建設凡爾賽宮，並且禮遇詩人，對文化很有貢獻。據說他不但講究美食，而且食量驚人，整天不斷地進餐。

路易 15 世
Louis XV，1710 ～ 1774 年

在政務上完全放任龐巴度夫人（Madame de Pompadour）和奧爾良公爵（François de Choiseul）處理，引起民眾不滿的國王。寵妃龐巴度夫人流傳下許多菜餚，另一名寵妃杜巴利夫人（Madame du Barry）也用國王喜好的花椰菜發明了新菜。糕點類的瑪德蓮蛋糕也是在這段時期問世。路易 15 世的時代，可以說是烹飪界輝煌燦爛的時代。

路易 16 世
Louis XVI，1754 ～ 1793 年

波旁王朝的第五任國王。個性認真但是意志薄弱，又被人稱作「悲劇的國王」。因政治因素迎娶的瑪麗・安東妮德（Marie Antoinette），個性開朗、生活豪奢，據說曾留下「沒有麵包，就吃蛋糕吧」的言論。

瑪麗最後成為法國大革命的攻擊目標，和丈夫一起走上斷頭台。這對夫婦曾經發明用比目魚烹調的菜餚。

大廚與美食家

法國料理能有今天的繁榮景象，
要仰賴偉大的先人和他們留下有體系的餐飲教科書。
接下來，讓我們看看曾經風光一時的名人做過什麼事情。

❦ 建立了法國美食黃金時期
馬利安東尼‧卡漢姆

✎ 馬利安東尼‧卡漢姆
Marie-Antoine Carême，1784 ～ 1833 年

曾受法國外交官兼美食家塔列蘭（Talleyrand）的發掘聘僱擔任廚師，同時也熱中於研究新菜色。他在 1814 年維也納會議時提供的餐點獲得好評，從此改變了上流階層的餐飲特色。卡漢姆在許多方面影響了法國料理，比如他將醬汁分成基本四大類。此外，據說他對俄羅斯帝國的上流階級飲食文化也有巨大的影響力。順帶一提，廚師高帽也是他的發明。著作有《法國料理藝術大全》（L'Art de CuisineFrançais）。

卡漢姆暗地裡
維持維也納會議

維也納會議的目的，在重建法國大革命和拿破崙戰爭後的歐洲秩序，以及重新劃分國界。當時的法國宰相塔列蘭將私人聘用的廚師卡漢姆帶到維也納會議的會場，請他提供豪華至極的餐點。由於卡漢姆的廚藝精湛高超，使得身為戰敗國的法國能在會議中掌握主導權，搶到有如戰勝國的地位。這是因為在這個時代的歐洲，烹飪和權力有著密不可分的關係，國家為了展示威嚴，必須擺出華麗的裝飾，使用奢華的食材。

偉大的美食學始祖　布里亞‧薩瓦蘭

布里亞‧薩瓦蘭
Jean Anthelme Brillat-Savarin，1755 ～ 1826 年

法國的政治家、法學家。在他的著作《美味禮讚》中有許多名言。例如「告訴我你平常吃什麼，我就能說出你是什麼樣的人」、「與其發現新星，不如發現新菜色來得讓人幸福」。這本書開拓了美食的領域，是第一本有系統地討論美食的名著。他在書中把餐飲當成一門學問，談論進食的樂趣，研究什麼才是美食。這本書在 1825 年出版的兩個月後，布里亞‧薩瓦蘭就過世了。所以《美味禮讚》可說是他耗費一生精力完成的巨著。另外，這本書的原書名非常冗長，全名是「味覺生理學，抑或與超越性美食學相關之冥想錄；『身為文科學會員之教授獻給巴黎饕客的理論的、歷史的、時事的著述』」。

近代法國廚藝之父
奧古斯特‧埃斯科菲耶

奧古斯特‧埃斯科菲耶
Georges Auguste Escoffier，1846 ～ 1935 年

19 ～ 20 世紀時，活躍於巴黎、倫敦的大廚師。1846 年出生於尼斯郊外，歷經四處學藝之後，曾任職蒙地卡羅 Grand Hotel、倫敦 Savoy、卡爾頓酒店（Carlton Hotel）等的大廚，最後擔任巴黎麗池飯店（Hôtel Ritz）的主廚。平時指導年輕的廚師如何受人敬重，也致力於提升廚師的社會地位。他建立了套餐的概念，也設法減少法國料理的烹調程序。另外，他也曾為名人設計菜單，或者發明甜點以取悅賓客。例如曾經為女高音歌手內莉‧梅爾芭（Nellie Melba）創作甜點「水蜜桃梅爾芭」（Peach Melba）。1903 年他出版了成為法國料理經典的著作。奧古斯特留下許多名言，成為現代許多廚師的座右銘。例如「在不傷害品質的狀況下精簡烹飪過程」、「廚藝應該隨著時代變化」。如今他被視為「廚皇」，是討論法國料理時絕對不能疏忽的人物。

法國料理餐廳小講座

在這裡要介紹的是，
讓大家更熟悉法國餐廳，更加享受法國料理的一些基本小常識。
不僅可以當作用餐時的閒談，也能充實自己的常識。

餐廳（restaurant）的語源是湯

1789 年法國大革命之後，許多貴族或流亡海外或失蹤，貴族聘用的私廚們因而失業，只好走入民間設餐館營生，這也是餐廳的起源。據說當時普羅旺斯伯爵的廚師安托涅·波威列（Antoine Beauvilliers）開設第一家名為「restaurant」的餐廳，對法國的美食造成很大的影響。地方出身的革命議員漸漸開始在餐廳用餐聚會，巴黎市區內的餐廳一時如雨後春筍。不過在法國大革命的幾十年前，廚師布朗奇用「restaurant」（精力回復劑）的名稱，販售烹調過程中產生的高湯（bouillon）。後人研究時認為，這應該是第一個使用「restaurant」這個字的實例，所以餐廳這個字的來源應該是湯。

配合情境選擇餐廳

同樣是法國料理餐廳，有的高級到列入米其林三星，有的只是讓附近居民隨意用餐的小館，營業型態各有不同。在法國，餐廳的名稱會隨用途改變，可以參照右圖的解說。在亞洲，雖然沒有嚴謹的區別，但是配合情境選擇餐廳同樣很重要。目的、預算、一同用餐者等，都是選擇餐廳時要審慎考慮的。

法國料理餐廳的種類

頂級餐廳（grand maison）
裝潢、菜色、服務都是最高級的大餐廳，有服裝限制（dress code），必須預約。

高級法國料理餐廳（french）
講究廚藝的法國料理餐廳，各家餐廳的服裝規定不一，但必須衣裝整齊，能事前預約的話更好。

小餐館（bistro）
能輕鬆聊天、聚會的小餐館，在店裡可以享用地方料理、家常菜。

大眾餐館（bouchon）
平民化的大眾餐館。bouchon 的原意是軟木塞。

啤酒屋（basserie）
可以喝到生啤酒的大餐廳。basserie 有生啤酒的含意，原意是釀酒廠。

高級茶室（salon de thé）
能夠悠閒享受，富裕階級的社交場所。

咖啡廳（café）
悠閒氛圍的咖啡廳。可享用咖啡、飲料、簡餐。

附設餐廳（auberge）
民宿或旅社附設的餐廳。

米其林指南的星等是對料理的評鑑

米其林的星等評價，是著名的餐廳分級評價法。除了米其林以外，也有其他單位採用這種評價方式。《米其林指南》（Le Guide Michelin）在對餐廳評鑑時，是以下列為評選的標準：（1）材料的鮮度與品質、（2）烹飪技術水準和調味設計、（3）料理的整體特色、原創性、（4）物有所值、（5）時時維持一貫的品質。每年會由分散各國的評審開會討論，最後決定餐廳的年度評分。

《米其林指南東京 2008》
©MICHELIN 2007

《米其林指南東京》於 2007 年 11 月進入日本，代表該公司認定東京是「美食都市」，一時成為話題。

米其林指南記載的內容

在這本指南中，會依照字母順序刊登旅館、餐廳。極致的美食能獲得星等評價，最高可獲得三顆星。舒適度佳的餐廳可以獲得叉匙圖示，旅館則會獲得房子圖示的評分。

料理		
三顆星	✿✿✿	值得為此特別旅行一趟的卓越美食
二顆星	✿✿	值得特別繞路一試的美味食品
一顆星	✿	在該分類中特別美味的料理

※星等評價和舒適程度（叉匙圖示）的分類無關，只頒給料理美味的餐廳。

舒適度			
餐廳		旅館	
✕✕✕✕	極致豪華	🏠🏠🏠	
✕✕✕✕	最頂級的舒適	🏠🏠🏠	
✕✕✕	非常舒適	🏠🏠🏠	
✕✕	舒適	🏠🏠	
✕	相當舒適	🏠	

其他著名的餐廳指南

《Gault et Millau》

這本美食指南評鑑，是由美食評論者亨利·高勤（Henri Gault）和克麗絲汀·米羅（Christian Millau）合辦，在法國發行的美食指南。評分採用 1 ～ 20 分的方式，原則上指南中不介紹 10 分以下的餐廳。這本指南的內容是完全針對菜色品質好壞，因此博得大眾信任。

《Zagat Survey》

1979 年在美國創刊的餐廳指南。由定居紐約的 Tim Zagat、Nina Zagat 夫婦創刊，目前有 70 個都市的版本。1999 年起開始發行日文版。

❦ 餐廳的侍者

在頂級餐廳（grand maison）裡，侍者（服務生）的工作內容有詳細的規範和區隔。首先預約時，負責確認時間、人數、預算、訂席目的是「櫃台人員」（英文是receptionist）；用餐當天負責迎賓，幫客人脫掛大衣的是「衣帽間人員」；負責帶位的是「帶位人員」。在一般餐廳裡，這些工作則是由現場經理、領班（maître d' hotel 或madam）負責。等客人就座椅後，侍酒師（sommelier）會前來尋問客人需要的餐前酒，現場經理、領班開始點菜。分區侍者主管（chef de rang）負責上菜、收空盤。到了要上甜點時，由「乳酪人員」負責點菜。在一般的餐廳或小餐館裡，通常把分區侍者主管（chef de rang）、分區服務生主管助理（commis chef de rang）合併稱作「garçons」。

◈ 侍者的工作劃分

餐點部分

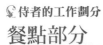

現場總經理、領班
（premier maître d' hotel）
餐廳現場所有服務生的總負責人。

現場經理、領班（maître d' hotel）
負責點餐，監督整體服務。穿著黑衣。

分區侍者主管（chef de rang）
一個人負責管理一區、好幾張桌子，監督上菜、收盤子等各項細節。身穿白衣，搭配飾品。

侍者（commis chef de rang）
協助服務生主管。負責端盤子和店裡的雜務。身穿白衣。

酒類等飲料部門

首席侍酒師（chef sommelier）
酒類的權威。負責提供酒類的各種知識、庫存管理等與酒類相關的服務。身穿黑衣，搭配飾品。

侍酒師（sommelier）
協助首席侍酒師。身穿黑衣。

助理侍酒師（commis sommelier）
負責倒酒、倒水等雜務。身穿白衣。

在餐廳點菜的方法

法國料理餐廳的菜單，通常會用當地語言和法文對照標示菜名。

在菜單裡，同類的菜會放在相同的區塊。

顧客可以從菜單中自行挑選菜餚。例如前菜、肉類、魚類、甜點等。

至於選菜的方式，大致有下列幾種：

☕ 套餐（course）

英文的「menu」，是從法文沿用的詞彙。「menu」本身帶有「set menu」（固定套餐）的含意。菜色最多的套餐叫作全套套餐（full course），大家最熟悉的應該是叫作法式婚宴上出現的菜色。為了配合長時間的宴席，全套套餐的內容比一般套餐多。廚師在設計套餐時，會考慮各種菜餚之間的搭配。

☕ 單點套餐（à la carte）

從菜單中自行挑選想要的菜，組合成豐富的一餐叫作「à la carte」，中文稱為單點。在法文中，「carte」的含意是菜名，相當於英文的「card」。由顧客從菜單中挑選菜名的方式就叫作「à la carte」，相當於英文的「att the card」。顧客可以自行挑選喜歡的菜色，每一道菜的量會比套餐多。

☕ 固定價格的菜單（prefix）

在每一類的菜餚中，都有許多選項提供選擇。例如前菜一道、肉類或魚類料理一道、甜點一道等等。每一種類會提供三、五樣菜色，由顧客分別在其中挑選一道菜。

☕ 品味套餐（menu degustation）

「degustation」有品賞、品味的意思，「menu degustation」即品味套餐。餐廳會用小盤子提供許多種菜，讓顧客品嘗餐廳的各種拿手、經典菜色。

廚師服的秘密和廚師的分工

法國料理的廚師，是受人景仰的美味創造者，也是代表當代的名人。
以下介紹的是與廚師有關的小資訊。

廚師服不是白穿的！

在現代，廚師穿著白色的廚師服工作，已經成為理所當然的景象。
可是，為什麼廚師服是白色的？廚師又為什麼要戴高帽子呢？

廚師服的基本條件

1 白色

廚師服必須保持清潔，因此選用一髒污就清晰立見的白色。

2 百分之百純棉

由於會用到火，避免選用會遇熱熔解，且能吸汗、透氣性佳的材質。

3 布料的厚度

流汗後衣服會黏到身體，因此，布料以遇水不會透光的厚度為佳。

廚師帽

廚師帽的法文叫作「toque blanche」。在法國，帽子的高度和個人地位無關。據說廚師帽是由馬利安東尼·卡漢姆發明，戴帽子的目的在防止頭髮掉到菜裡面。此外，大廚的帽子比其他廚師的高，是為了方便讓其他人在廚房裡找到他。

上衣

上衣的衣襟交叉於胸前，是為了防止用火、拿鍋子，或者食物濺出時燙傷身體。

領巾

領巾的功用在吸收臉上、脖子流下的汗水。必要時，也可以拆下來做其他用途。另外，領巾為廚師增添顏色變化，有裝飾的作用。據說有的廚師還會講究領巾用的釦子。

鈕釦

廚師服使用包釦。用布料包覆而成的包釦，可方便在脫衣服時單手輕易打開。

袖子

大抵都是穿著長袖上衣，袖口反折。這樣即使沒有隔熱手套，也可以把袖口拉長代替使用。

圍裙

在褲子上加一件圍裙，目的是保護腹部。圍裙的長度過膝，必要時可以兩手抓著圍裙的下襬，用圍裙搬運材料。而且圍裙也可以用來搬運發燙的餐具。

鞋子

為了在有水、油等液體的地面上迅速移動，廚師們需要一雙防滑的鞋子。而且為了避免打翻滾燙的食品時燙傷腳，大多會選用腳尖有護套的安全鞋。

⚜ 分工合作的廚師集團

在法國料理的廚房裡,是以大廚為頂點,依據料理種類分成小團體進行作業。
以下是介紹分工的組織圖範例。

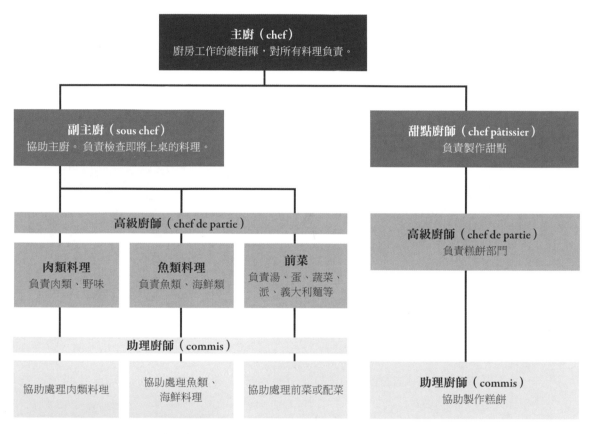

主廚（chef）
廚房工作的總指揮,對所有料理負責。

副主廚（sous chef）
協助主廚。負責檢查即將上桌的料理。

甜點廚師（chef pâtissier）
負責製作甜點

高級廚師（chef de partie）

肉類料理
負責肉類、野味

魚類料理
負責魚類、海鮮類

前菜
負責湯、蛋、蔬菜、派、義大利麵等

高級廚師（chef de partie）
負責糕餅部門

助理廚師（commis）

協助處理肉類料理

協助處理魚類、海鮮料理

協助處理前菜或配菜

助理廚師（commis）
協助製作糕餅

❧ 餐廳裡的「職位、職稱」（bridage）❧

在法國的餐飲界,餐廳裡的組織,例如由 chef、maître d'hotel 等職位構成的組織稱作「bridage」。這個字的含意,類似一般企業的課或部,或者某某團隊的意思。法式餐館裡的「bridage」,通常會分成服務人員和烹飪人員兩大類。

法國料理食材大集合

接著，要介紹讓全球老饕讚不絕口的「世界三大珍饈」，
以及烹調法國料理時常用的各種食材，
當然與材料有關的小故事也一併介紹給大家。

世界三大珍饈
魚子醬
Caviar

古代魚類鱘魚的卵

鱘魚是一種在古代完成進化的魚，有人稱鱘魚
是活化石。長期以來，鱘魚卵一直是著名的美
食。主要產地有黑海、裏海、法國的基隆河口。
據說最高級的鱘魚卵，分別是大型的貝魯嘉鱘魚
（beluga）、中型的奧賽嘉鱘魚（asetra）、小型
的賽魯嘉鱘魚（sevruga）的魚卵。

魚子醬的代表性料理

魚子醬薄餅
常在雞尾酒會中看到的點心。將魚子醬放在一口大小
的薄餅（blini）上直接享用。另外，和酸奶油一起食
用，也是常見的搭配法。

俄國的外交餐會
帶動了魚子醬的流行

在俄羅斯帝國最繁華的時候，法國也盛行模
仿俄國的風俗習慣與飲食。在當時，民間甚
至盛傳若想瞭解接下來流行哪種衣服和事
物，就要看聖彼德堡流行什麼。當時的俄國
貴族和富商時常在家中舉辦宴會，賓客到達
會場之後，會被引導到休息室內更衣休息。
宴會主人會在休息室裡準備魚子醬、各式冷
盤、伏特加酒來招待客人。據說法國的上流
階層模仿俄國人的做法，才衍生出法國料理
中的前菜。

世界三大珍饈
鵝肝
Foie gras

將鵝餵食到形成脂肪肝

在長期過度餵食之後，鵝的肝臟會累積脂肪，形成脂肪肝。這種過度肥胖的肝臟就是所謂鵝肝（foie gras），也是刻意人工培植出的珍貴食材。一般來說，鵝肝使用鵝或鴨培養，依色澤判斷品質好壞。其肉質顏色為奶油白中帶點粉紅，質感柔滑細緻，口味特殊。鵝肝入口即化，帶有濃郁的風味，讓人愛不釋手。

鵝肝的代表性料理

◈ 鵝肝幕斯
將鵝肝製成幕斯狀後加入辛香料，搭配麵包食用。

◈ 烤鵝肝泥
把打成泥狀後用香料調味過的鵝肝，放在有蓋子的陶瓷器裡。送入烤箱烘烤，放涼食用。

缺乏運動、暴飲暴食是美味的來源？

據說古羅馬人原本認為鵝是神聖的動物，可是當羅馬人發現，用無花果乾餵養過的鵝肝特別美味之後，鵝的悲劇就開始了。在羅馬帝國滅亡後，食用鵝肝的風氣曾經一度走下坡，但到了文藝復興時代，又吹起這種風氣。法國的土魯斯（Toulouse）地區是全球最知名的大型鵝產地。在初夏出生的雛鵝，在戶外的牧草地放養長大。長到一定程度之後，業者會把鵝關在狹小的空間裏，讓鵝無法充分運動，用漏斗直接將易於消化的蒸玉米飼料灌食到鵝的胃裡。在每天三次餵食之下，當鵝的肝臟成長到約兩2公斤重時，也就是商用的鵝肝成品了。

世界三大珍饈
松露
Truffe

香氣四溢的西洋松露

松露是一種蕈類，會生長在橡樹、山毛櫸、栗木的根部附近（石灰岩土質的泥土裡），據說完全成長的松露可以深達地底 30 公分。松露的尺寸小的有如核桃，大的有成人拳頭大，具有濃厚的香氣、風味十足。松露有黑白兩種品種，黑松露有「黑色鑽石」之稱，不過白松露更稀有。由於產量不多，行情是黑松露的好幾倍。

松露的代表性料理

松露炒蛋
松露的香氣很適合烹調炒蛋，色調搭配起來更讓人食慾大增。

松露義大利燉飯
使用松露製作的高級西式燉飯。

靠豬挖掘松露

大約 300 年前，佩里哥（Périgord）地區的民眾發現一群野豬挖掘地面，啃食從地底挖出的黑色物體。居民們大膽跟著試吃，驚訝地發現竟然十分美味，這就是松露的秘聞。只不過，松露長在地底下，用人力實在難以尋找，所以每到秋收，居民們會讓和山豬同類、同樣有靈敏嗅覺的家豬在森林中四處尋找。只不過，家豬也同樣喜歡吃松露，一個不留神，辛苦找到的松露就會落入豬的肚子裡。為了避免這種困擾，在家豬找到松露的時候，居民會馬上塞一顆蘋果到豬的嘴裡。

11 月的列車令男人心神蕩漾？

每年的 11 月中旬到次年 2 月底，是松露的產季。在這段期間，法國人會利用火車，將松露從佩里哥載到巴黎。由於貨車前端連結著客車，在客車車廂裡則充滿了松露的味道。據說松露的氣味會刺激男性，讓人產生戀愛的慾望，所以這段時間列車掌多了一份額外的工作：據說車掌必須在車廂內巡迴，勸年輕貌美的女性乘客關上包廂的門。這真是充滿法國風味的浪漫典故。

世界三大珍饈——同場加映
法國蝸牛
Escargot

法國獨步全球的美食
食用蝸牛

這種供食用的蝸牛，學名叫作「Helix pomatia linnaeus」（白色蝸牛），各地都有人養殖。餵食的飼料是葡萄葉、萵苣、甘藍菜等。目前主要的產地是法國的勃艮地地區和香檳區，而且已經改以穀物餵食。最常見的蝸牛餐點，是帶殼的前菜，但烹飪的方法不限於此。另外，又據說蝸牛可以治療酒後麻痺的舌頭或止咳，是法國的民俗療法藥材。

蝸牛的代表性料理

勃艮地蝸牛
將蝸牛肉與奶油、巴西里、大蒜、紅蔥等攪拌後，塞回蝸牛殼內，再用烤箱烤熟。

奶油煮蝸牛
用奶油燉煮的蝸牛料理。

蝸牛曾經是天主教會的宗教食品

食用蝸牛的歷史，可以回溯到羅馬時代，在法國各地可以挖掘到古人留下來的蝸牛殼堆。據說在歐洲中世紀時，天主教的戒律相當嚴格，信徒在每星期五和復活節前的禁慾期間內不得吃肉。因此，平民會改吃魚類或蝸牛當替代食品。另外，相傳在西元18世紀時，法國農民就是靠蝸牛才度過旱災和寒流的。

蝸牛喜歡吃葡萄葉

春夏兩季吃飽了葡萄葉子的蝸牛，到快要冬眠時正好肥滋滋，適合出貨上市。不過，蝸牛也可能在沒人監視時吃進一些怪東西。所以加工前要讓蝸牛斷食6～8天，之後泡在鹽裡讓蝸牛把東西吐出來。加工處理後的蝸牛肉，會放在加辣調味後的冷高湯燉煮1小時，最後再以各種方式調味製成罐裝、瓶裝食品上市。

海鮮類
Poissons

法國料理中常以白肉魚為食材，少用青背魚，這是因為法國菜講究醬汁與材料調和的緣故。在白肉魚中，最具代表性的是於多佛海峽（Strait of Dover）捕獲的舌比目魚。

舌比目魚
Sole

多佛爾舌比目魚是「海中女王」

舌比目魚是舌鰨科魚類的總稱，和比目魚、鰈魚是遠親。白色的肉質清淡，適合用在法國菜，不時可以在菜單上發現。在歐洲，多佛海峽的舌比目魚特別美味，有「海中女王」的稱號。舌比目魚的脂肪飽滿、肉質緊實，而且易於剝離魚骨，是較為大型的高級魚貨。在日本則較常使用紅舌比目魚和黑舌比目魚（參照照片）。順帶一提，日本產的舌比目魚的眼睛位置，和多佛舌比目魚正好相反。

舌比目魚的代表性菜餚

奶油香煎舌比目魚
撒上麵粉後用奶油煎過，是最受歡迎的烹調方法。

家常舌比目魚排
搭配馬鈴薯、洋蔥、洋菇等，用白酒蒸熟。

為什麼眼和嘴並排？

舌比目魚的身體是橢圓形的，背鰭和尾鰭連成一線。身體有眼睛的一面是褐色，沒有眼睛的一面是白色，嘴巴位在小小的眼睛旁邊。據說舌比目魚這種特殊的長相，是為了方便躺在沙裡捕食蝦子和螃蟹。它的胃口不大，但是消化能力很好，能迅速消化獵物。平時舌比目魚利用保護色躲在海底，在獵食時，敏銳的嗅覺是它們最佳的武器。

石狗公
Rascasse

味道鮮美的白肉魚

這種魚因為頭部較大，背鰭和胸鰭外突，看起來有點像斗笠，所以日文叫作「笠子」。石狗公的外觀特徵在於，頭部的主鰓蓋骨上有硬棘。肉質味道清淡，有適度的脂肪，鮮美的程度超乎想像。在挑選時，要選擇腹部外突，顏色鮮明的魚。石狗公屬於卵胎生（在體內孵化卵後，將小魚排出體外）動物，每年春季是產季，成熟需 2 年左右。生長在沿岸地區的魚外觀較黑，在海中的外觀則偏紅色。

石狗公的代表性料理

馬賽魚湯
馬賽的經典海鮮湯。

有「地獄看門人」之稱的恐怖長相

石狗公的種類繁多，其中以鬼石狗公的長相最為兇悍，有「地獄看門人」的外號。日本的江戶時代，武士家庭喜歡鬼石狗公的兇悍長相，會在端午節擺設魚頭當飾品。據說當時的人認為石狗公的外觀像戴著斗笠的男性，肉質又鮮美多汁，象徵男子漢應有的姿態。

龍蝦
Homard

長得像槌頭的蝦子

homard 在法文裡是「槌頭」的意思。在布列塔尼半島捕獲的布列塔尼龍蝦（藍螯蝦）的品質最優。活蝦全身帶有一股青色色調，肉質有些許透明感，極富彈性，非常受到大眾歡迎。

龍蝦的代表性料理　龍蝦佐冷美乃滋醬
龍蝦經水煮、冷卻後，沾美乃滋醬食用。

使用龍蝦的法國料理都叫「美式」

在法國料理中，有些菜會加上「美式」的名稱，這是由於使用龍蝦當作材料，並非菜色具有美式風味。據說這種稱呼來自從美國留學回國的廚師皮耶。他用奶油炒大蒜、蕃茄後，加入龍蝦繼續煮，菜名就叫作「美式龍蝦」。簡易的烹調方式讓法國人覺得深具美國味，所以用龍蝦殼調製的醬汁，也被稱作「美式醬汁」。

生蠔
Huître

吃生蠔是歐洲的特有景象

在法國，每到產季餐廳裡就可以看到貝隆（Belon）、馬赫納（Marrennes d' Oleron）、龔卡爾（Cancale）等地出產的生蠔。當顧客點菜後，店家會把碎冰鋪在盤子上，擺上生蠔和檸檬上桌。在歐洲有句諺語說，月分名稱裡如果沒有 R，那個月就不能吃生蠔。據說這是因為生蠔在產卵期間會有毒性。分辨生蠔品質的方法，首先要看新鮮程度，外層的膜要黑亮，乳白色的肉質要有光澤且飽滿。

生蠔的代表性料理　焗烤生蠔
生蠔排入貝殼狀的容器中焗烤。

生蠔大胃王比賽

吃生蠔的記載很早就出現在歷史上，據說古代的皇帝曾經為了能吃多少隻生蠔而賭上性命。羅馬皇帝臺伯留（Tiberius）曾經留下一次吃掉 1200 隻生蠔的記錄。後世的法國國王亨利 4 世曾經想要挑戰這項紀錄，但是在吃完第 240 隻之後開始食之無味，最後只好放棄。能夠這樣消耗高級食材的，大概也只有國王才做得到吧。

淡菜
Moule

在法國和生蠔一樣受歡迎

淡菜的產地，包括瀕臨英法海峽的諾曼地地區、法蘭德斯地區（Flandre）、比斯開灣（Bay of Biscay）、地中海等，是常見的食品。淡菜外殼有如水滴狀，頂端尖銳，顏色漆黑。貝肉偏紅色或黃色，新鮮貝肉有光澤且富彈性。

淡菜的代表性料理

白酒蒸淡菜
以橄欖油、大蒜、紅蔥炒過後，用白酒烹煮。

醋醃炸淡菜
油炸淡菜後，經過醋醃冷卻的前菜。

牛肉

Bœuf

牛肉可以分成許多個部位，各部位的肉質不同，適合的烹調方法也不同。另外，肉的切割方法並沒有統一規定，以下舉的只是其中一種例子。

肉的口感會隨食用的時間改變，是牛肉的特性之一。在解體牛肉後，儲存在接近 0℃的環境下，牛肉裡的酵素會自然增添牛肉的風味，這種做法稱作熟成。一般來說，牛肉要以紅色部位呈現帶點黑色調的鮮紅色為佳，肉的剖面則講究紋理細緻、富有彈性。

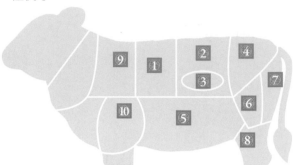

牛肉各部位的特徵

1 肋脊
背脊肉靠近肩膀的部分，肉質柔軟，油花分布均勻，易形成「霜降」狀。牛筋較少，口感嫩，可以用在重視肉質口感的料理，例如烤牛肉、牛排等。

2 沙朗
特選牛腰內部的肉。前腰脊、後腰脊、菲力三個部位總稱叫作腰脊，靠近腰部的腰脊部分稱作後腰脊，適合烹調成牛排。

3 菲力
牛里脊、牛柳肉。位於沙朗內部的細長肉品，肉質細膩柔軟，脂肪較少。適合做生吃的韃靼牛排（Tartar steak）或煎牛排。菲力一字的語源據說來自法文的「filet」。

4 後臀
從腰部往腿部延伸的高級肉。雖然不像腰脊一樣有肉質細膩的霜降肉，但紅色的肉中含有適度的脂肪，口味清淡。適合各種烹調方式。

5 腹肉
肋骨周邊的肉。由於這邊的肌肉會隨呼吸運動，肉質較粗硬，筋、膜組織較多。俗稱五花肉，適合烹調燉肉湯、燉煮類料理等。

6 內腿
大腿內側。是匯集許多肌肉的位置，紅肉部分的脂肪最少，較缺乏牛肉本身的風味。適合使用大塊牛肉的料理，例如烤牛肉、燉煮類料理等。

7 外腿
大腿外側，運動肌肉最多的部位。肉質相當粗硬，肉色濃厚，適合切片烤肉、牛肉燉蔬菜（Pot-au-feu）等。

8 牛腱
四肢的腳踝部分，有許多發達的肌肉。肉中含有大量運動肌肉富有的筋組織，牛肉和牛筋比例各半。味道濃厚，適合做絞肉。可用於燉肉湯、漢堡肉排等。

9 肩
肩膀附近的肉品。由於運動量大，牛筋和筋膜較多，肉質較硬。適合燉煮或熬湯。

10 肩胛
肋骨周邊部位中，比較接近肩膀的部分。肉質堅硬程度僅次於牛腱。脂肪與紅肉部分分層獨立，有五花肉的感覺，適合燉煮。

牛菲力與夏多布里昂

夏多布里昂（François-René de Chateaubriand）是著名的文豪、作曲家，也是有名的美食家。有一天他邀請客人一起早餐，同時又計畫與其中部分客人一起吃午餐。可是客人吃完早餐後卻遲遲不願離開，午餐的材料也因此缺貨。他只好直接火烤大塊的牛菲力（牛柳肉），當場切開分給客人食用。這場餐宴受到客人的好評，有人開始把牛菲力稱作「夏多布里昂」。另外，也相傳英國的某位國王在吃過廚師羅因提供的牛排後，感動地表示：「羅因，我要封你一個 Sir 稱號。」那道牛排採用的部位，就被稱作「Sir Roin」，也就是沙朗了。

牛肉的代表性料理

烤牛肉
將大塊牛肉用烤箱烘烤的料理。

蒸煮（燴煮）牛肉
牛肉泡在湯汁裡，用蒸氣蒸煮烹調料理。

豬肉
Porc

儘管在法國，豬肉是肉類消費量最高的肉類，但在餐廳的菜單中出現的機率卻少得多。
豬肉多用於火腿、培根、臘腸等加工食品，是烹調家常菜和地方料理時不可或缺的材料。

豬隻的品種已經超過一百種，食用豬隻以身體較寬
長的品種為佳。常用的食用品種有約克種、柏克種
等。據說豬肉以出生後 8 個月～ 1 年的肉質最佳。
選擇肉品時，要挑選肌肉部分呈淡紅色且有光澤、
肉質緊實的部分，脂肪部分泛黃的肉應該避免購買。

豬肉各部位的特徵

1 肩肉
以肩膀為中心的部位，由於運動量
大，肉質較粗，以肌肉為主。具有
香氣，適合燉煮或熬湯。

2 肩胛
肩里脊肉。肩膀靠背部的部位，是
上等肉品。肉質較為粗硬但味道濃
厚。使用時要切除肌肉與脂肪間的
筋，盡可能切薄片使用。適合做燉
煮類料理。

3 腰脊
豬隻切除肩肉與大腿肉之後，剩下
的中央部位裡，較接近背後的部
分叫作腰脊，較接近腹部的稱作
腹肉。豬腰脊的肉質與形狀都很
勻稱，不會像牛肉一樣再細分。這
裡的肉質細膩柔軟，外側有許多脂
肪，適合炸豬排、快炒等。

4 菲力
在腰脊的內側，沿著腰椎兩側生
長，有保護腰椎功用的兩條肉。肉
質細膩柔軟，脂肪較少，味道清
淡。適合炸豬排、快炒等。

5 腹肉
脂肪與肌肉交疊形成的五花肉（三
層肉），適合長時間燉煮的菜餚，
例如滷豬肉、煮肉塊等。

6 腿肉
豬後腿較粗的部分，肌肉旁和肌肉
之間幾乎沒有脂肪，整體呈紅色
調。肉質細緻柔軟，整體呈紅肉，
幾乎沒有脂肪，適合快炒、烤豬
肉、西式烤豬肉料理等。

7 外腿肉
大腿較接近臀部處，肉質較粗硬。
適合燉煮類、切薄片後快炒等。

豬肉的代表性料理

炸豬排
豬肉拍鬆後切除筋，沾麵包粉
後油炸。

快炒豬肉
用平底鍋快炒豬肉的料理。

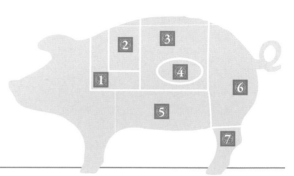

非常實用的豬油網

豬的大小腸間有一層網狀的脂肪，稱
作「豬油網（crépine）」。
在烹調法國料理時，
豬油網常用在烤、
炸等用途。另外，
以豬油網包裹食
材再加工的料理，
總稱「crépinette」。

豬肉加工品種類繁多

火腿（ham）原本用來稱帶骨的豬肉
加工品。在法國，因豬肉供應量充
沛，會製作許多講究的鮮食產品。
最著名的有巴黎火腿（Jambon de
Paris）。顧客多半將肉包夾在長棍
麵包裡食用。

雞肉
Volaille

目前在日本流通的雞肉，有九成是肉雞、飼料雞，其他則是土雞或銘柄雞。
而法國最有名的，則是布列斯（Bresse）出品的雛雞。
這是只有通過 AOC 法（產地名稱管理制度）的嚴格規定，才能加上這項品名的最高級產品。

布洛拉（broiler）是由美國人品種改良成的肉雞。它的特徵是成長期間短、
飼料效率佳、適合大量飼育和肉質柔軟等。新鮮的上等雞肉，特徵是顏色
淡且有光澤、毛孔附近隆起、肉品有一定的厚度等。

雞肉各部位的特徵

1 腿（大腿、小腿）
從雞腳到大腿根部的肉，和其他部位比起來肉質較硬。可以製成帶骨和無骨等產品。適合油炸、快炒、蒸食等烹調法。

2 雞胸
剪除雞翅之後，剩下的胸部肉品。市面也有帶骨的產品流通。除去雞皮之後，底下露出的是脂肪少的白肉。清淡、濃厚各種調味都適合。

3 雞翅
雞的上腕，又可以分成雞二節翅和雞小翅。雞翅尖富含脂肪和膠原蛋白質，口味濃厚。適合燒烤、燉煮等料理。

4 雞小里脊
相當於豬肉、牛肉的菲力，沿著胸骨成長，左右側各有一條。在雞肉中，是蛋白質最豐富的部位，幾乎沒有脂肪。肉質柔軟清淡，適合做沙拉等。

雞肉的代表性料理

紅酒燉雞肉
勃艮地的地方料理，以紅酒烹煮雞肉。

白醬奶油燉雞
將雞肉快炒後，以奶油燉煮的美味料理。

雞蛋
Oeuf

世界各國自古就有食用雞蛋的記錄。埃及、希臘等地甚至認為雞蛋是神的創作，視為宇宙的象徵，用來贈送親友。雞蛋的烹調方式豐富多變，從前菜到甜點都適合。

雞蛋的代表性料理

煎蛋捲
在蛋液中加入鹽、胡椒調味，於平底鍋裡煎出特定形狀的料理。

分辨雞蛋鮮度的方法

1 破蛋法
打破新鮮雞蛋時，蛋白頂多只往外延展約 10 公分，蛋白液會朝上方隆起。出生約 1 星期後的雞蛋會失去黏性，會像水般在桌面上流動。1 個月左右的雞蛋，蛋白會呈無色透明，完全失去彈性。

2 不打破雞蛋的方法
新鮮雞蛋在沉入水中時，會橫倒在水底。隨著時間過去，雞蛋內的水分蒸發，使得蛋的比重變輕。失去水分的蛋，相對地裡面的空氣會增多，雞蛋較圓的一端會朝上浮起。放置 1 個月左右的雞蛋，有氣室較圓那端會朝上垂直浮起。

菇類
Champignon

當巴黎的市場上看得到雞油菌、牛肝菌，代表秋天真的來了。
居民們會抽空前往郊區的山上採香菇。由於菇類人工栽培不易，因此算是有季節性的高級食品。

蘑菇
Champignon

是在人工栽培的菇類中，全球產量最大的種類。據說最早在 17 世紀時，巴黎郊區已經開始人工栽培，所以又稱作「Champignon de Paris」。品質分級主要是依據顏色，小型的阿拉斯加種為純白或乳白色，耐低溫。中型的波希米亞種則是褐色或深褐色，耐濕氣。而哥倫比亞種則屬於深褐色的中、大型品種。許多人都喜愛具清脆口感的白色品種。

雞油菌
Girolle

又稱作黃菇、酒杯蘑菇。肉質部分有厚度、口感佳，具有清爽的香氣。外觀帶一點黃色調，頗能引起顧客的食慾。

牛肝菌
Cèpe

在義大利稱作「porcino」。外觀類似松茸，加熱後會脫水。香氣、味道都不錯，在亞洲很方便就能買到進口的乾貨。

菇類美味的新發現，來自食品創新精神

據說最先將菇類的價值提升，進而引進法國料理的，是法國新派料理（Nouvelle cuisine）的先驅、「Camélia」餐廳的主廚讓‧德拉韋司（Jean Delaveyne）。在他的嘗試之下，法國新派料理重新對這些秋季的珍寶食材給予新的評價。因此，不只是松露，大家更開始積極使用雞油菌、牛肝菌入菜。

蔬菜
Legumes

從前所謂特產，受到氣候和土壤的限制，通常要到產地才有機會嘗試，新鮮蔬菜便是最好的例子。然而在經貿協定之後，冷凍蔬菜的進口數量遽增，現在市面上已經可以買到許多用於法國料理的蔬菜了。

朝鮮薊
Artichaut

又稱作洋薊、菜薊，形狀類似薊。在五、六月產季時，會大量出現在巴黎街頭的超市、蔬果行。花蕾、花萼和底部果肉，可以燙過後當前菜食用，芯燙過後可當裝飾，或者用作沙拉的材料，與油醋醬搭配食用非常美味！

紅蔥
Échalote

紅蔥是蔥科植物，也是法國人喜愛的蔬菜之一。法國北部生產的紅蔥特別受歡迎，可以剁碎後放入醬汁，或者放入燉湯裡。對法國料理來說，味道介於大蒜和洋蔥之間的紅蔥，是不可或缺的調味蔬菜。諾曼第地區出產的紅蔥，外表呈橘棕色，口味較平順，體型較小，形狀類似洋蔥。勃艮地地區出產的則體型較大，外觀呈灰色，有類似大蒜的香氣。

韭蔥
Poireau

韭蔥有西洋蔥、大蔥等多種稱法，直徑約 3 ～ 4 公分，外觀長得像大蔥。特徵是肉質豐富，蔥白部分約 15 ～ 20 公分長。韭蔥的質地柔軟，可以水煮後放入沙拉，或者煮湯、燉湯、調配醋醬，另外，也可以調白醬、奶油醬等。綠色的葉子有酸味，可以熬高湯或去除肉類、骨頭的腥味。

> ### 羅馬暴君尼祿嗜吃韭蔥
> 韭蔥耐寒耐熱，自古以來在歐洲各地都有人栽培。就連有名的羅馬暴君尼祿，也相傳為了保養歌喉而時常吃韭蔥。此外，據說美國原住民在作戰前，會吃下大量的韭蔥培養精力。

菊苣
Endive

又稱作比利時苦苣（Belgian endive），呈白色，直徑約 2 ～ 3 公分，長約 10 ～ 15 公分，外型呈木芽狀。質感堅韌，兼具獨特的苦味與清淡的風味，口感順暢。木芽上的綠色部分越多，苦味越重。適合蒸煮、與雞肉和甘藍菜一起煮湯。市售產品多半仰賴進口，非常受到消費者的歡迎。

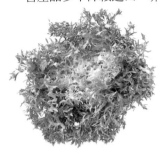

苦苣
Chicorée

又稱作苦菊，品種較多，有些有裂痕有些則無。選購時，以外側有綠葉，內側葉片已發黃轉白的為佳。苦苣的特徵是帶有淡淡的苦味、香氣以及清脆的口感。用在沙拉生菜時，搭配法式沙拉醬非常可口。

酸豆
câpre

原產地是在地中海沿岸，春夏交替時會開出野玫瑰大小的花。花的壽命很短，清晨開花，傍晚即凋謝。酸豆是採收開花前的花蕾，醃漬後做成罐頭食品。這算是一種西式泡菜，可以搭配魚類、肉類等料理。最受歡迎的食用法是以酸豆搭配煙燻鮭魚片，不但可以消除魚腥味，酸豆的酸味還能促進食慾。

橄欖
Olive

橄欖是木樨科常綠樹，原產地在地中海沿岸。花謝後會結橢圓形的綠色果實，可做醃漬、榨油等用途。橄欖的特殊口味必須經過加工才會產生，為了去除苦味，食品業者會將橄欖浸漬在鹼性藥劑裡。橄欖能促進食慾，常用於前菜或沙拉。一般來說，綠色的是未成熟的橄欖，黑色橄欖則是全熟。

酸黃瓜
Cornichon

用加入辛香料的白酒、醋醃漬的小黃瓜。黃瓜必須在表面凹凸不平，長度約 4 公分時摘下，然後加工。相較於甜口味的配方，法國人偏愛酸味較重的配方。

香料
Épices

以植物莖或葉製成的香料，是烹調法國料理時不可或缺的調味料。
香料的歷史悠久，據說哥倫布會發現新大陸，就是為了出海尋找香料。
而且在當時，香料貴重到足以引發各國間的戰爭。

胡椒
Poivre

把即將成熟的胡椒子乾燥處理後，可以取得氣味香濃、辛辣適中的種子。
具有揮發性的辣味成分多半位在黑色的表皮，去除表皮製成的白胡椒，辣
味只有黑胡椒的四分之一。雖然大部分人將黑胡椒用於肉類、白胡椒用於
魚類料理，但實際上，仍需配合個人喜好的口味選用。

肉豆蔻
Muscade

肉豆蔻的果實形狀類似杏桃，其中的果仁叫作豆蔻核仁（nutmeg），果
核外層的網狀薄皮叫作肉豆蔻皮（mace）。肉荳蔻具有甜甜的香氣，以
及柔和的苦味，可以增添肉類食品的風味。尤其在做漢堡肉排時，更得
用肉荳蔻添加香氣。

月桂葉
Feuille de laurier

月桂樹的葉子，具有清爽的甜香和苦味。氣味芳香，類似尤加利樹的清涼感。
適合用在替魚類、肉類食品去除腥味，添增食材的香醇。可以用於燉湯、蔬菜
牛肉湯、肉醬等。使用時可以先揉碎、撕開葉子，增加香氣。

麥迪奇家族靠香料賺取巨大財富

在中世紀的歐洲，胡椒等同於貨幣。據說在羅馬時代，用於清償戰爭賠款時，1 公克胡椒的價值等於 1 公克
的銀。翡冷翠的麥迪奇家族便是靠香料貿易賺取莫大的財富。後來麥迪奇家的卡特莉娜·麥迪奇（Catherine
de Médicis）和法國國王亨利 2 世通婚，確立了日後法國料理的發展。而麥迪奇家族的家徽，正是代表香料
的藥丸圖案。

丁香
Girofle

丁香又叫丁字，製作香料時使用的是丁香花的花蕾。在乾燥後，花蕾會形成有如釘子的形狀。在某些進口醬汁裡，可以聞到丁香的味道。丁香的氣味相當強烈，具有香草般的香氣，咀嚼時卻可以感受到舌頭發麻的刺激和苦味。丁香能減緩魚類、肉類的腥味。

茴香
Fenouil

又叫小茴香，在歐洲有「魚草」的別名，常用於去除魚腥味和多餘的油脂。茴香子可以放入口中直接咀嚼除臭，也可以當成促進消化的藥劑。茴香子可以做麵包、蘋果派等。莖葉可烹調魚類料理，或者浸在油、醋裡添增其香氣。

番紅花
Safran

番紅花是 Crocus 番紅花的近親，將淡紫色的雌蕊曬乾後，就成了香料用的番紅花。為了採收 1 公斤的番紅花香料，需要 16 萬朵以上的花，50 萬根以上的雌蕊，難怪有人說這是全世界最貴的香料。可是西班牙海鮮飯、馬賽魚湯的黃色和香氣，只有番紅花才調得出來。

孜然
Cumin

有強烈的香氣和苦味，是咖哩粉的主要材料，光是孜然子的味道就能讓人聯想到咖哩粉。孜然在單獨使用時有強烈的藥味，多半用於混合香料中。孜然可用於肉類料理、臘腸、肉醬等。

八角
Anis étoilé

八角茴香樹的果實，俗稱八角，常用於中國菜。八角可以和其他香料混合調製「五香粉」。八角香味持久，適合燉滷食品，和豬肉、雞肉容易搭配。

卡宴辣椒
Cayenne

又叫牛角椒，是以苦味強烈的小辣椒乾燥後磨成的粉末香料，適合蝦蟹類食品的提味。烹調法國料理時，常用於荷蘭醬汁、美式醬汁的提味。

香草植物
Herbes

香草有各種藥效，在古代發揮過治療效果。
在烹調法國料理時，香草是提味不可缺的要角，也是盛盤裝飾時的最佳點綴。

羅勒
Basilic

有四十幾個品種，英文叫作「basil」，義大利文則是「basilico」。羅勒有高貴清爽的香氣，特別適合與蕃茄搭配。常用於煮湯、燉煮、沙拉等料理。羅勒可以浸漬在油或醋裡，添增液體的香氣。另外羅勒還具有止痛效果。

百里香
Thym

唇形科多年生草本植物，具有殺菌作用，長期作為藥用植物。百里香具有獨特的清香和淡淡的苦味，直接使用時香氣敏銳，但曬乾後氣味和緩許多。在製作能去除肉類或雞骨腥味的香草束（Bouquet garni）時，百里香是必備的材料。由於長時間烹煮也不會失去香氣，百里香常用於烹調魚類、肉類食品。

迷迭香
Romarin

古希臘人認為，迷迭香能增進智慧，尤其能加強記憶力。在春夏交會時，迷迭香會開淡紫色的小花。花、莖、葉都有香氣，淡雅的香氣可以製成香水使用。迷迭香常用於牛肉、豬肉料理，也是去除羊腥味時的常用材料。

義大利巴西里
Persil plat

一般來說，葉片有細小皺褶的稱作捲葉巴西里，而葉片沒有皺褶的平葉品種，則稱作義大利巴西里（平葉巴西里）。義大利巴西里的香氣較強，可以做為裝盤時的點綴，也用在法式香草束。又據說義大利香芹有去除口臭的效果。

香草能為餐桌帶來幸運

「Herb」這個詞，據說來自拉丁文中、有草藥之意的「herba」，幾經轉變後成為英文的「herb」。香草的名稱也影響到食品的命名。例如臘腸（sausage）就是用 sow（豬肉或醃豬肉）和製作臘腸時不可缺的 sage（鼠尾草）結合成的字。另外，據說番紅花能讓人精力充沛、心情開朗，所以西方諺語中，形容個性開朗的人是「睡在番紅花鋪的床上」。

194

茵陳蒿
Estragon

茵陳蒿的法文「estragon」，有小龍的意思。據說它有治療毒蛇咬傷的藥效，是法國最常用的香草之一。茵陳蒿有獨特的輕柔香氣，很受老饕喜愛。茵陳蒿還是製作野鳥、野兔、蝸牛料理時不可缺少的材料。

鼠尾草
Sauge

鼠尾草在羅馬時代被當成萬用藥，是長年使用的香料及藥用植物。乾燥後的鼠尾草，會發出類似魁蒿的清新香氣。鼠尾草有消炎、殺菌、減輕消化不良等效果。在製作豬肉加工食品、豬肝或羊肉料理時，是不可缺的材料。同時，它這也是日本人製作辣醬油時的主要香料之一。

蒔蘿
Aneth

蒔蘿的葉、莖、花都有香氣，當香料用途時，最常用的是葉子的部分（dillweed）。蒔蘿可用於製作黑麥麵包或小餅乾，葉子切碎了可以佐沙拉、撒在湯上，用途相當廣。蒔蘿藥效溫和，據說有止痛效果。

薄荷
Menthe

薄荷是生命力強，容易混種的香草。大致上可分成涼薄荷、綠薄荷、胡椒薄荷三大類。其香氣的主要成分是薄荷醇，有清涼透徹的涼爽和刺激感。薄荷的香氣溫和不激烈，和甜味十分契合，用來製成糖果、果凍等。

奧勒岡
Origan

有苦味和獨特的強烈香氣，是義大利菜、墨西哥菜的必備材料。和蕃茄、乳酪、豆類等容易搭配，是批薩餡料、義大利麵醬汁的常用食材。乾燥的奧勒岡較新鮮的容易使用，香氣強烈，可以改善消化不良。

細香蔥
Ciboulette

蔥屬香料植物，和淺蔥同種，英文名稱叫「chives」。香氣高雅溫和，帶有少許刺激味。常用於煮湯、醬料、沙拉及點綴雞蛋料理，或者用於馬鈴薯沙拉、西式炒蛋等。

山蘿蔔
Cerfeuil

英文叫「cerefolium」，外觀和巴西里相似。可以生食，但變質較快。顏色比巴西里淡，有纖細的甜味香氣，被稱作「美食家的巴西里」，常用於法國菜。有所謂法式香料粉，是用巴西里、茵陳蒿、紅蔥、細香蔥等植物調配。可撒在玉米濃湯上，也可以做成沾醬。

醋
Vinaigre

醋這種調味料，通常原料與該國的代表性酒類一致。
在法國最常用的醋，和葡萄酒一樣，都是以葡萄為原料。

醋可以分成用米等五穀雜糧、蘋果等水果釀造
的「釀造醋」，以及在釀造醋中添加化合醋酸
製造的「合成醋」兩種。釀造醋除了可以當調
味料，還可以當健康飲料飲用。紅酒醋的材料
是帶皮葡萄，帶有獨特的香氣，酸度較高，適
合做醬汁、西式醃漬蔬菜。白酒醋是用剝了皮
的葡萄釀造的透明醋，通常放在餐桌上。蘋果
醋有獨特的風味，和蜂蜜極為搭配，可以當作
沙拉沾醬或健康飲料。巴薩米克醋（Basamico，
也叫葡萄酒醋）是義大利的傳統醋品，材料
是葡萄酒和葡萄汁，口感溫和、氣味芳醇，
適合做醬汁或灑入即將享用的料理上。雪莉
酒醋（Sherry vinegar）則來自西班牙，是炸魚
時不可缺少的材料。香檳酒醋（Champagne
vinegar）來自香檳區，氣味高雅。

紅酒醋 　　　　白酒醋 　　　　蘋果醋

埃及豔后用財產賭喝醋

在舊約聖經中已經出現關於醋的記載，是
人類最早生產的調味料。諺語說：賢人好
醋。可見醋自古以來就是人的好夥伴。另
外，醋也曾經用來代表美女。當年埃及豔
后和情人安東尼用醋打的賭，足夠讓後人
看了心驚膽跳。他們打賭的內容是：「看
誰能在一頓飯裡花光自己的全部財產」。
於是他們四處張羅昂貴的材料，最後選上
了醋，還在醋裡面放了珍珠。不知道這瓶
溶解了珍珠鈣質的醋，喝起來是什麼樣的
味道？

雪莉酒醋 　　　香檳酒醋 　　　巴薩米克醋

油
Huile

從植物中提煉，常溫下呈液態的食用油才能稱作「油」（huile），原料是豆類、種子或五穀。油可以調節料理或醬汁的風味、芳醇度、濃度。

橄欖油的材料最受大眾矚目。橄欖的主要來源在地中海沿岸，在歐洲，一提到油，大家通常想到橄欖油。橄欖油是不易氧化、不易結塊的「不乾性油」。大多數的種子油、植物油，在抽取油時必須經過加熱。可是生產橄欖油時，可以在不加熱的狀況下直接壓榨果肉，放置果汁等待油自然浮起。另外，如果絞碎果肉，直接用離心分離器從果汁裡採油，這種油就叫作冷壓初榨橄欖油。

在冷壓初榨橄欖油中，帶有果汁香氣，油質又良好的，稱作特級冷壓初榨橄欖油。這種油品質優秀，有益健康，可以直接淋在沙拉上當醬料用。胡桃油的原料是胡桃，富含亞油酸，有樹果特有的香氣與風味，適合醃泡食材或調製醬汁。以花生提煉的花生油、葡萄籽提煉的葡萄籽油，在法國也很常見。最近還有以開心果提煉的開心果油，具有獨特的香氣，很受大眾的喜愛。

| 橄欖油 | 特級冷壓初榨橄欖油 | 胡桃油 | 花生油 | 葡萄籽油 |

料理酒
Alcool

在葡萄酒發酵途中加入白蘭地等烈酒，使得酒液中殘存大量糖分的酒類，稱為「酒精強化葡萄酒」。法國的三大強化酒分別是雪莉酒（Sherry）、波特酒（Port）、馬德拉酒（Madeira）。「波特酒」使用葡萄牙產的黑葡萄、白葡萄，再添加白蘭地，是甜味但酒精濃度高的酒類。「馬德拉酒」產於馬德拉島，是在甜酒發酵途中添加白蘭地停止發酵，再加熱添加風味的酒。由於氧化的關係，這款酒的顏色呈茶褐色，具有獨特的風味，可當成餐前酒或用於烹調。至於用白酒蒸餾製造的「白蘭地」，以法國的干邑和雅文邑最有名。另外，用蘋果酒蒸餾製造的「蘋果白蘭地」（Calvados），則是諾曼地地區的特產。

馬德拉酒　　　蘋果白蘭地

芥末醬
Moutarde

芥末醬的原料，來自三種芥菜的種子。黑色小型的叫作黑芥茉，有點褐色的叫作棕芥茉，這兩種種子相差不大。白芥茉的種子是土黃色，體積稍微大一點。法國料理用的芥末醬有兩種，一種是將芥菜種子與醋、酒混合後研磨、搗成泥狀。另一種則是在芥末醬裡參雜沒有完全研磨的芥末籽。以風味來說，泥狀的芥末醬口味比帶籽芥末醬來得溫和。法國產的芥末醬向來以口味複雜出名。

帶籽芥末醬　　　法式芥末醬

芥末醬的名產地第戎

往年的勃艮地公爵和法國國王一樣，以藝術文化造詣聞名。公爵領地的首府第戎（Dijon）到今天還留下許多百年街景和老餐廳，境內還有大量的米其林星級餐館。這裡除了有好菜好酒以外，芥末醬也是世界一流。第戎芥末醬的特色，在於雖然剝除了種子外皮，使得芥末醬顏色較淡，但是刺激口感依舊強烈。第戎芥末醬常用來做料理的醬汁，瓶裝芥末醬是觀光客最愛不釋手的好土產。

鹽

Sel

給宏得產的鹽

對人類來說，鹽是不可或缺的食物。在世界各地，人們以各種方式生產食鹽。主要的製鹽法有地鹽（蒸發鹽池製成）、海鹽（從海水提煉）、井鹽（挖井取得鹽水製造）、土鹽（岩鹽）。在日益關心健康的風氣之下，法國人看上了布列塔尼出產的給宏得（Guérande）鹽。這是一種只靠風力和陽光，使鹽水自然蒸發結晶形成的日曬鹽。它不但富含礦物質，而且特別適合烹調，因此廣受大眾的喜愛。給宏得的海鹽分為粗鹽（gros sel）和頂級的鹽之花（Fleur de sel）兩種。由於是採用天然製鹽法，所以給宏得鹽每年的產量不定。

奶油

Beurre

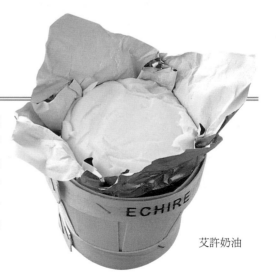

艾許奶油

奶油是以牛奶當原料的乳製品，又分成添加食鹽的有鹽奶油，和未添加食鹽的無鹽奶油。此外，從原料乳是否曾經乳酸發酵的條件來看，又可以分成發酵奶油和無發酵奶油。在法國最知名的高級奶油是艾許（Échiré）奶油。這種奶油的產地，是法國中西部德塞夫勒省（Deux-Sèvres）的艾許村。當地使用柚木製的攪拌機，遵從古法製作。艾許奶油是在製造過程中添加乳酸菌的發酵奶油，比未發酵的奶油，多了芳醇的口味與香氣。

凱撒大帝是帶頭吃奶油的歷史人物

奶油可以回溯到西元前 1500 年，是最古老的乳製食品之一。在聖經中，已經出現關於奶油的記載。古希臘時代，奶油主要用途不是食物，而是髮油、化妝品、潤滑劑。據說最先開始吃奶油的，是凱撒大帝（Julius Caesar）。羅馬時代的奶油產地，大約在今天的比利時與荷蘭一帶。至於法國人開始吃奶油的時間，則要等到西元 12 ～ 13 世紀了。

法國料理用語索引

在法國料理餐廳用餐時，以法文字標記菜名和食材很常見。
以下選出法國料理中常見的法文字，以法文字母排序，
大家一定要好好記下，絕對派得上用場

食材

A

abats	牛、豬、羊的內臟	尤其小牛胸腺和腎臟，是法國料理中的極品食材。
ail	大蒜	通常會加入肉料理或義大利麵裡增香，使人食慾大開。
agneau	羔羊肉	例如 p.92 的帶骨小羊排捲佐香蒜奶油醬。
alcool	料理酒	參照 p.198 的解說。
ananas	鳳梨	含有蛋白分解酵素，具有軟化肉類的功效。
aneth	蒔蘿	參照 p.195 的解說。
anis étoilé	八角	參照 p.193 的解說。
artichaut	朝鮮薊	參照 p.190 的解說。
asperge	蘆筍	像是白蘆筍（asperge blanche）和綠蘆筍（asperge vert），入菜都很美味。
aubergine	茄子	是南法料理中不可缺少的食材，與橄欖油極為搭配。
avocat	酪梨	口感滑嫩。富含營養素，被譽為「森林中的奶油」。多用在沙拉或前菜。

B

bacon	培根	豬腹肉以煙燻方式製成的加工肉品。
baguette	棍子麵包	法國麵包的一種，可參照 p.126 的解說。
banane	香蕉	可以壓成泥狀或慕斯，搭配做成各式甜點。
basilic	羅勒	參照 p.194 的解說。
boeuf	牛、牛肉	參照 p.186 的解說。
bouquet garni	香草束	放入燉煮料理中可幫助去腥味，此外還可以為料理增添香氣，可參照 p.168 的解說。
brioche	布里歐	以大量奶油、雞蛋做成的麵包，可參照 p.126 的解說。
brocoli	花椰菜	可以用鹽醃、奶油焗烤，多出現在沙拉或配菜。

C

câpre	酸豆	以醋漬的方法製成，多用在沙拉或製作醬汁。
canard	鴨	綠頭鴨被人類馴化成家禽。肉為鮮紅色，肉質柔軟、風味佳。
carott	胡蘿蔔	多用來當作配菜。切成細絲搭配沙拉，或者做成燉煮胡蘿蔔。

caviar	魚子醬	參照 p.180 的解說。
cayenne	卡宴辣椒	參照 p.193 的解說。
cerfeui	山蘿蔔	參照 p.195 的解說。
champagne	香檳	法國香檳區特產的氣泡酒，可參照 p.59 的解說。
champignon	香菇、蘑菇	參照 p.189 的解說。
chocolat	巧克力	例如製作 p.132 的巧克力蛋糕。
chou	甘藍菜	又叫高麗菜、包心菜、捲心菜。有白色、綠色和紫色 3 種顏色。一般多用來做沙拉，此外，在亞爾薩斯地區還有德國酸菜這道名菜（參照 p.86）。
ciboulette	細香蔥	參照 p.195 的解說。
coriandre	芫荽	清新香甜中略帶辛辣，是風味清爽且散發香氣的香草類植物。
cornichon	酸黃瓜	將小條黃瓜以醋、糖等醃漬而成，可參照 p.191 的解說。
coquillage	貝類	像干貝、淡菜和生蠔等，都是法國料理中常見的食材。
courgette	櫛瓜	南瓜的一種，是法國南部愛用的蔬果之一。
crème	鮮奶油	烹調法國料理時，大多使用乳脂肪含量高達 45% 以上的產品入菜。
crépine	豬油網	參照 p.187 的解說。
crevette	蝦、小蝦	多用在沙拉、鮮蝦雞尾酒或鮮蝦慕斯等前菜。
croûton	炸麵包丁	將吐司或麵包切小塊後油炸至金黃酥脆，或烤至香酥脆，通常撒在湯上面搭配食用。
cumin	孜然	參照 p.193 的解說。

❀ E

eau	水、液體	飲用水、地下水、海水等。
échalote	紅蔥	參照 p.190 的解說。
écrevisse	螯蝦	相傳法國在中世紀起就開始食用，非常珍貴的食材。
endive	菊苣	參照 p.191 的解說。
entrecôte	肋排	主要是牛肋脊中取出的肉片。
épice	辛香料、香料	參照 p.192 的解說。
escargot	蝸牛	參照 p.183 的解說。
estragon	茵陳蒿	參照 p.195 的解說。

❀ F

fenouil	茴香	參照 p.193 的解說。
figue	無花果	多使用在甜點或配菜，例如 p.123 的烤紅酒無花果。

品嘗異國料理和點心，
展開一場餐桌上的旅行

La Cuisine Française

00380

9 789866 029776

定價 380元

朱雀文化官網
朱雀所有的書，完整書介、
精采內頁都在這